Herausgegeben von Walter Kowalczyk und Klaus Ottich

Dr. Walter Kowalczyk, Jahrgang 1949, ist Schulpsychologe und als Lehrbeauftragter an der Universität Hannover tätig. Er ist Mitglied in der Aktion Humane Schule.

Klaus Ottich, Jahrgang 1942, ist Oberstudienrat und arbeitet als Llehrer für Deutsch und Geschichte an einem Gymnasium.

Beide Herausgeber sind in der regionalen und überregionalen Fortbildung tätig. Sie haben zahlreiche Bücher und Aufsätze zu den Themen «Zusammenarbeit zwischen Elternhaus und Schule» und «Lernförderung» veröffentlicht und sich intensiv mit der Lern- und Gedächtnisforschung befasst. Im Rowohlt Taschenbuch Verlag sind bereits von ihnen erschienen: «Der Elternabend»
(Nr. 9182) und «Schülern auf die Sprünge helfen» (Nr. 9775).

Eckart Bothe, Jahrgang 1942, ist Lehrer für Mathematik, Physik und Informatik an einem Gymnasium.

Eckart Bothe

Mathematik, 7. Klasse

Bruchrechnung, Proportionen, Dreisatz

rororo

Rowohlt

Dieses Buch ist nach den neuen Rechtschreibregeln verfasst
(Stand Juli 1996)

Originalausgabe
Lektorat Katrin Helmstedt und Bernd Gottwald

Veröffentlicht im Rowohlt Taschenbuch
Verlag GmbH, Reinbek bei Hamburg, Januar 1997

Umschlaggestaltung Susanne Müller
Illustrationen Christof Tisch
Reihentypografie und Layout Iris Farnschläder
Gedruckt auf Arctic Volume 115 g/qm
der Häfreströms AB Schweden
Gesetzt aus der Minion und Trade Gothic
auf Apple Macintosh in QuarkXPress 3.32
Satz Universitätsdruckerei H. Stürtz AG, Würzburg
Druck und Bindung Clausen & Bosse, Leck
Printed in Germany
1690-ISBN 3 499 60182 6

Inhalt

Liebe Eltern,

können Sie inzwischen das Frühlingsgedicht genauso gut aufsagen wie Ihr Kind? Fühlen Sie sich in Ihre eigene Schulzeit zurückversetzt, weil Sie wieder über der Bruchrechnung brüten? Oder versuchen Sie einen französischen Text zu entschlüsseln, obwohl Sie die Sprache selbst kaum beherrschen? Möglicherweise sind Sie in heller Aufregung, denn Ihr Kind hat schon wieder eine «Klassenarbeit verhauen». Vielleicht ist sogar die «Versetzung gefährdet»?

Wie viele Nachmittage haben Sie schon mit Ihrem Kind für die Schule gepaukt, sich Aufgaben ausgedacht, nach Erklärungen gesucht und sich überlegt, ob Lösungswege richtig oder falsch sind? Aber nicht nur das zerrt an Ihren Nerven, auch die Stimmung ist mies. Wenn Sie mit Ihrem Kind gemeinsam für die Schule büffeln, ist dies sicher oft mit Auseinandersetzungen und Tränen verbunden. «Ich kapier das eh nie.» – «Ich will endlich zu meinen Freunden.» – «Mein Lehrer hat mir das aber ganz anders erklärt.» Und Sie hatten sich den Nachmittag wahrscheinlich auch schöner vorgestellt.

Selbst wenn Sie im Moment gestresst und ratlos sind: In der Regel können Kinder jeden Lernstoff begreifen. Wichtig ist, dass durch eine abwechslungsreiche Darbietung des Stoffes individuelles Lernen ermöglicht und Freude an der Auseinandersetzung mit einem Thema gefördert wird. Hier liegt eine Stärke der *klipp & klar Lerntrainer*. Ein weiterer Vorteil ist, dass Ihr Kind mit den *klipp & klar Lerntrainern* **selbständig** arbeiten kann: Der Lernstoff wird verständlich, anschaulich und in kleinen Schritten dargestellt. Lerntipps erleichtern Ihrem Kind das Verstehen, Anwenden und Behalten. Durch Probeklassenarbeiten wird geprüft, ob das Gelernte auch sicher sitzt. An einigen Stellen ist es sinnvoll, dass Sie Ihre Hilfe anbieten. Dort finden Sie dieses Zeichen (siehe links), z. B. bei der Terminplanung für die Wiederholungen.

Mit den *klipp & klar Lerntrainern* können nicht nur erfolgreich Probleme in bestimmten Fächern ausgeräumt werden, sie eignen sich auch hervorragend, wenn Ihr Kind sein Wissen in einzelnen Themen aufpolieren oder sich gezielt auf eine Klassenarbeit vorbereiten möchte.

Die *klipp & klar Lerntrainer* helfen Ihnen dabei, dass die Nachmittage mit Ihrem Kind wieder entspannter verlaufen.

Walter Kowalczyk und Klaus Ottich

Liebe Lehrerin, lieber Lehrer,

in jeder Klasse begegnen Sie Schülerinnen und Schülern, die Probleme mit bestimmten Themen haben. Besorgte Eltern haben sich an Sie gewandt und um Rat und spezielle Lerntipps gebeten. Viele sind unsicher, wie sie ihr Kind erfolgreich unterstützen können, und fühlen sich beim Erklären schulischer Lerninhalte verständlicherweise überfordert. Das gemeinsame Üben belastet häufig die ganze Familie.
Sicher gibt es auch Schülerinnen und Schüler, denen Sie gern geeignetes Übungsmaterial empfehlen würden, damit sie selbständig Schwächen abbauen und ihre Leistungen verbessern können.

Überzeugen Sie sich selbst: Mit den *klipp & klar Lerntrainern* kann jeder Schüler seine Defizite selbständig aufarbeiten:

- Der Lernstoff wird verständlich, anschaulich und in kleinen Schritten dargestellt.
- Die abwechslungsreiche Darbietung des Stoffes fördert individuelles Lernen und die Motivation sich mit einem Thema auseinander zu setzen.
- Alle Fachbegriffe werden erläutert, so dass Verständnisprobleme gar nicht erst entstehen.
- Lerntipps erleichtern das Verstehen, Anwenden und Behalten.
- Schultypische Arbeitsanweisungen, die häufig in Klassenarbeiten auftreten, werden erklärt und interpretiert, so dass die Schüler verstehen lernen, was von ihnen verlangt wird. Damit ist eine häufige Fehlerquelle ausgeräumt.
- Durch Probeklassenarbeiten wird überprüft, ob das Gelernte auch sitzt.

Und auch Sie selbst können die *klipp & klar Lerntrainer* mit Gewinn nutzen:

- als Vorbereitung für Ihren Unterricht,
- als Differenzierungsmaterial für Ihre Klasse,
- als Lernprogramm für Ihren Förderunterricht.

Wir wünschen Ihnen viel Erfolg für Ihre Arbeit!
Walter Kowalczyk und Klaus Ottich

uPro

diPro

BR
KR

Kletterbalken

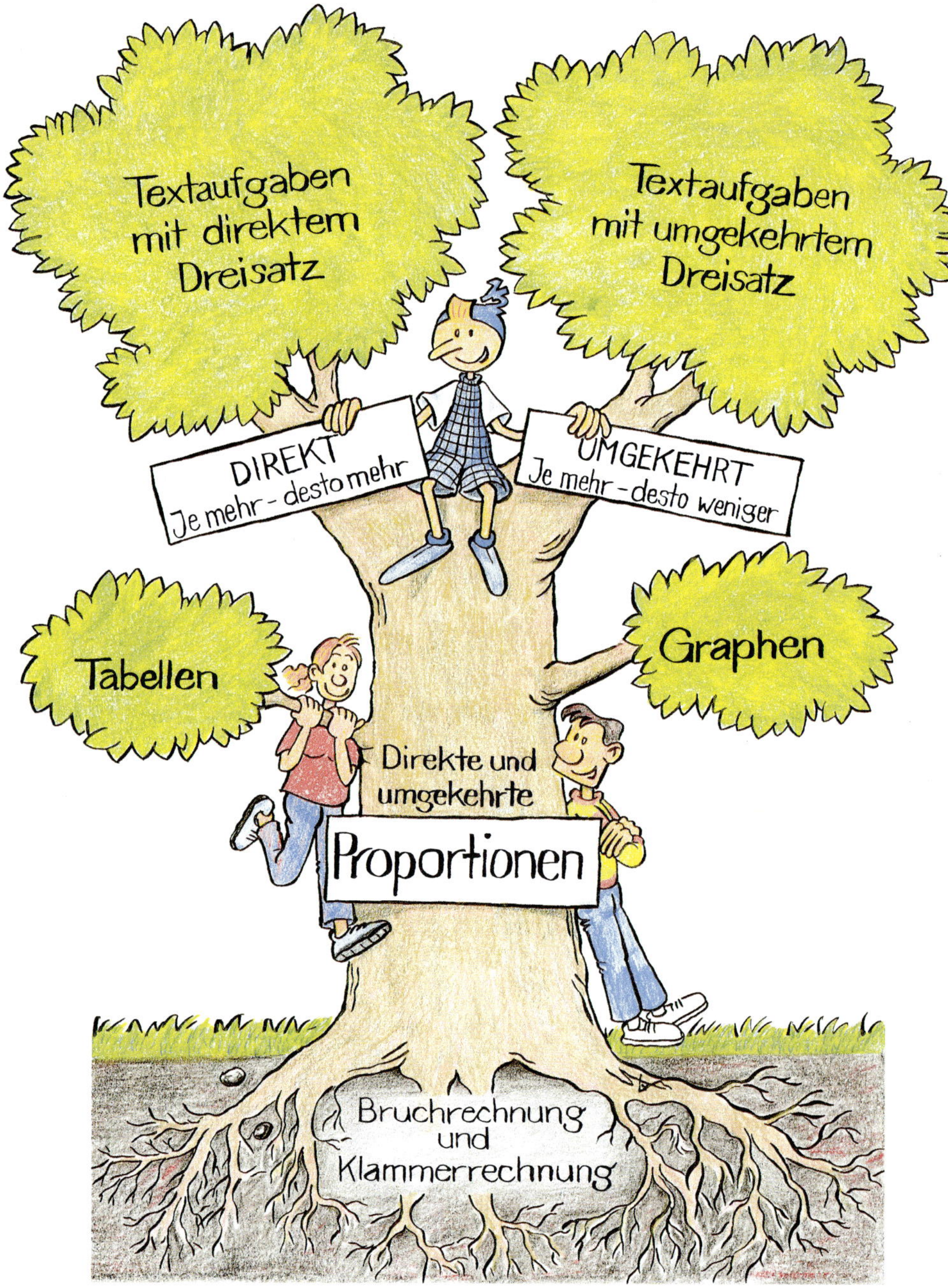

Liebe Schülerin, lieber Schüler,

links siehst du einen «Mathe-Baum», der dir verdeutlicht, worum es in diesem Buch geht:

1 Eine kurze Wiederholung der Bruchrechnung und der Klammerrechnung – damit der Mathe-Baum kräftige Wurzeln hat.
2 Direkte und umgekehrte Proportionen und ihre Darstellung in Form von Tabellen und Graphen – sie bilden den Stamm.
3 Textaufgaben mit direktem und umgekehrtem Dreisatz – die Krone unseres Baumes.

Wahrscheinlich kommt er dir im Moment ziemlich groß vor. Aber keine Angst, du wirst erstaunt sein, wie sicher du den Baum hochkletterst.

Wie du mit diesem Buch arbeiten kannst

Neben dem Mathe-Baum findest du einen Kletterbalken. Wenn du einen Abschnitt fertig bearbeitet hast, malst du den dazugehörenden Teil des Balkens farbig aus. So wird deutlich, wie du in dem Mathe-Baum immer höher kletterst. Was die Abkürzungen bedeuten, wirst du spätestens dann wissen, wenn du die entsprechenden Kapitel bearbeitest. Gleichzeitig findest du vor jedem Kapitel diesen Kasten:

Für dich zur Kontrolle:

Ich habe das Kapitel ...			
	angefangen (Datum):	beendet (Datum):	erfolgreich bearbeitet (Unterschrift):
zum 1. Mal bearbeitet			
1. Wiederholung			
2. Wiederholung			

Hast du ein Kapitel erfolgreich abgeschlossen, trägst du das Datum ein und unterschreibst. Zeige diese Tabelle auch deinen Eltern, damit ihr das Datum für die **Wiederholungen** gemeinsam festlegen könnt. Die Wiederholungen sind wichtig, damit du das einmal Gelernte auch nach längerer Zeit noch kannst.

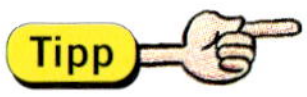

Aus meiner Erfahrung als Mathematiklehrer weiß ich: Schwierigkeiten in Mathematik gibt es immer dann, wenn man den Faden verloren hat. Damit du möglichst schnell wieder zurechtkommst, achte auf die folgenden Punkte:

1 Deine Arbeitsmaterialien müssen vollständig und in Ordnung sein.
2 Lass beim Schreiben einen Rand von etwa einer drittel Seite.
3 Rechne an jedem Tag, an dem du Mathematik hattest, einige Aufgaben noch einmal Schritt für Schritt durch. Zehn Minuten reichen.
4 Wenn du dabei an einen Punkt kommst, der dir nicht mehr klar ist, markiere diese Stelle.
5 Bitte in der Schule deinen Mathematiklehrer, dir diese schwierige Stelle zu erklären.

Ich jedenfalls freue mich immer sehr, wenn meine Schülerinnen oder Schüler zu Hause einige Aufgaben nacharbeiten.

Zum erfolgreichen Lernen gehören eine gründliche Planung und eine sorgfältige Vorbereitung.
Erst einmal brauchst du das richtige Handwerkszeug:
– ein DIN-A4-Heft, kariert,
– einen Stift, der gut funktioniert,
– ein Geo-Dreieck, ein Lineal, einen Anspitzer, einen Radiergummi.
Richte deine Arbeitsumgebung so ein, dass du etwa 20 Minuten mit diesem Buch arbeiten kannst ohne abgelenkt zu werden. Ohne Walkman, ohne Fernsehen, ohne Telefon, ohne dein Lieblingsspielzeug, ohne …

In jedem Abschnitt findest du einen **Erklärteil.** Lies dir den Erklärteil laut und deutlich vor.

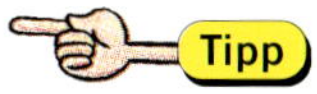

Du wirst sehr schnell merken, dass man schwierige Texte besser versteht, wenn man sie sich laut vorliest, weil man dann gründlicher lesen muss.

Wichtige **Begriffe** sind rot gedruckt. Diese werden am Ende des Buches im Kapitel «Die wichtigsten Begriffe» erklärt. Wenn du einen Begriff also nicht genau kennen solltest, kannst du dort nachsehen, was er bedeutet. Auf deinem **Lesezeichen** (siehe Seite 95) stehen diese Erklärungen ebenfalls.
Nach dem **Erklärteil** folgen **Beispiele**, die ich vollständig vorrechne. Zuerst rechne ich dir jeweils ein **Beispiel** vor. Bei einigen dann folgenden Beispielen findest du nach der Aufgabenstellung die Aufforderung:

HALT! Schreibe die Aufgabe ab, schließe das Buch, rechne selber!

Wenn du die Aufgabe gerechnet hast, kannst du dieses Buch wieder aufschlagen und deinen Rechenweg und dein Ergebnis mit meiner Lösung vergleichen. Zu Anfang wird es vielleicht vorkommen, dass du ein anderes Ergebnis hast als ich. Dann musst du deinen Fehler suchen (und möglichst auch finden) und dir überlegen, **warum** du diesen Fehler gemacht hast. Dies hilft dir in Zukunft diesen Fehler zu vermeiden.
Und dann kommt die große Bewährungsprobe: Es folgen nur noch **Aufgaben** ohne die Lösungswege. (Die findest du aber im **Lösungsteil** am Ende des Buches.) Die **Ergebnisse** zu diesen Aufgaben stehen darunter. Wenn du richtig gerechnet hast, findest du dein Ergebnis in dieser Liste. Die Zahlen sind der Größe nach geordnet. Es stehen dort mehr Zahlen als eigentlich nötig sind, damit du auch noch die letzte Aufgabe rechnen musst!

Nun viel Erfolg!

Los geht's: Bruchrechnung und Klammerrechnung wiederholen

Für dich zur Kontrolle:

Ich habe das Kapitel «Bruchrechnung und Klammerrechnung»			
	angefangen (Datum):	beendet (Datum):	erfolgreich bearbeitet (Unterschrift):
zum 1. Mal bearbeitet			
1. Wiederholung			
2. Wiederholung			

Brüche sind Zahlen.
Ihr Wert liegt zwischen den ganzen Zahlen:

$\frac{5}{4}$ (oder $1\frac{1}{4}$) liegt zwischen 1 und 2.

Brüche sind aber auch das Ergebnis einer Division.

$5 : 4 = \frac{5}{4}$ (oder $1\frac{1}{4}$)

Das Ergebnis dieser Division ist eine Zahl, von der wir wissen, dass sie 4-mal in die 5 hineinpasst.
Wenn es bei einer Aufgabe aber nötig wird, kann der Bruch $\frac{5}{4}$ (oder $1\frac{1}{4}$) wieder in die ursprüngliche Division zurückverwandelt werden: $5 : 4$
Brüche bestehen aus drei Einzelteilen – Zähler, Bruchstrich und Nenner:

$$\frac{\text{Zähler}}{\text{Nenner}} = \text{Zähler} : \text{Nenner}$$

Wie du mit diesen Brüchen rechnen kannst, zeige ich dir.

Addition und Subtraktion von Brüchen

Um Brüche addieren oder subtrahieren zu können müssen sie zuerst auf einen gemeinsamen Nenner gebracht werden. Dieser gemeinsame Nenner heißt Hauptnenner. Er sollte das **kgV**, das **kleinste gemeinsame Vielfache**, aller einzelnen Nenner sein. Den Hauptnenner kann man durch **Primzahlzerlegung** berechnen. Die einzelnen Brüche werden durch **Erweitern** so umgeformt, dass schließlich alle denselben Nenner – den Hauptnenner – haben. Addiert oder subtrahiert wird dann nur noch im Zähler.

Beispiel

Aufgabe: $\frac{5}{6} + \frac{3}{4} - \frac{11}{12} = ?$

1. Schritt:

Wir untersuchen die Vielfachenmengen von 6, 4 und 12:

$$\text{kgV}(6, 4, 12) = \left\{ \begin{array}{l} V(6) \;\;= \{6, 12, 18, 24, \ldots\} \\ V(4) \;\;= \{4, 8, 12, 16, 20, \ldots\} \\ V(12) = \{12, 24, 36, \ldots\} \end{array} \right\} = 12$$

Hier siehst du, dass das kgV (6, 4, 12) = 12 ist, denn es ist das kleinste Vielfache, welches in allen Vielfachenmengen gemeinsam vorkommt.

Berechnung des **Hauptnenners** durch Untersuchen der **Vielfachenmengen** der Einzelnenner. Die **Vielfachenmenge** der Zahl 6 wird mit V (6) bezeichnet. Mengen werden durch geschweifte Klammern {} zusammengefasst.

2. Schritt:

Du musst nun jedesmal den Hauptnenner durch den Einzelnenner teilen um die Erweiterungszahl zu bekommen. Für den ersten Bruch heißt das: 12 : 6 = 2

Die Erweiterungszahl zum ersten Bruch lautet 2. Sie steht immer über dem Gleichheitszeichen. Durch die Erweiterung wird der erste Bruch auf den Hauptnenner gebracht:

$$\frac{5}{6} \overset{2}{=} \frac{10}{12}$$

Durch **Erweitern** der Einzelnenner werden die Brüche «auf den Hauptnenner gebracht».

Für den zweiten Bruch ist die Erweiterungszahl 12 : 4 = 3, d. h.

$$\frac{3}{4} \overset{3}{=} \frac{9}{12}$$

Der letzte Bruch hat als Nenner schon den Hauptnenner. Er kann so bleiben.

3. Schritt:

Wenn alle Brüche denselben Nenner haben, wird nur noch im Zähler gerechnet.

Nun kannst du die Aufgabe umschreiben:

$$\frac{5}{6} + \frac{3}{4} - \frac{11}{12} =$$

$$\frac{10}{12} + \frac{9}{12} - \frac{11}{12} =$$

$$\frac{10 + 9 - 11}{12} = \frac{8}{12} \underset{4}{=} \frac{2}{3}$$

Vollständig gekürzte Brüche bestehen aus **teilerfremden** Zahlen.

Zum Schluss wird das Ergebnis noch so lange gekürzt, bis Zähler und Nenner als gemeinsamen Teiler nur noch die 1 haben.
(Die Kürzungszahlen stehen immer unter dem Gleichheitszeichen.)

Noch eine Bemerkung zum **Kürzen**: Sicherlich ist es dir bei der Beispielaufgabe nicht sehr schwer gefallen, den Bruch vollständig zu kürzen. Schwieriger wird es, wenn Zähler und Nenner sehr groß sind und damit auch unübersichtlicher.

Tipp

Beim Kürzen wird «oben und unten» durch dieselbe Zahl geteilt, damit Zähler und Nenner wieder eine überschaubare Größe bekommen. Den **größten gemeinsamen Teiler (ggT)** findest du durch **Primzahlzerlegung** von Zähler und Nenner.

Beispiel

Aufgabe: $\frac{2520}{46\,200} = ?$

Durch fortlaufendes Teilen durch die **Primzahlen** (vgl. S. 16 oben) ergeben sich die Primfaktoren. 315 ist nicht mehr durch 2 teilbar. Nächste Primzahl: 3

1. Schritt:

$2520 =$	$2520 : 2 = 1260$
$1260 \cdot 2 =$	$1260 : 2 = 630$
$630 \cdot 2 \cdot 2 =$	$630 : 2 = 315$
$315 \cdot 2 \cdot 2 \cdot 2 =$	$315 : 3 = 105$
$105 \cdot 3 \cdot 2 \cdot 2 \cdot 2 =$	$105 : 3 = 35$
$35 \cdot 3 \cdot 3 \cdot 2 \cdot 2 \cdot 2 =$	$35 : 5 = 7$
$7 \cdot 5 \cdot 3 \cdot 3 \cdot 2 \cdot 2 \cdot 2$	$7 : 7 = 1$

Nur noch Primzahlen

Den Nenner musst du selbst in seine Primfaktoren zerlegen.

HALT! Schreibe die Aufgabe ab, schließe das Buch, rechne selber!

2. Schritt:

Jeweils gleiche Primzahlen übereinander anordnen.

$$\frac{2520}{46\,200} = \frac{2 \cdot 2 \cdot 2 \cdot 3 \cdot 3 \cdot 5 \cdot 7}{2 \cdot 2 \cdot 2 \cdot 3 \cdot 5 \cdot 5 \cdot 7 \cdot 11}$$

3. Schritt:

Dieselben Zahlen werden durch einander geteilt und ergeben dabei den Faktor 1, der den Wert des Bruches nicht verändert.

$$= \frac{\overset{1}{\cancel{2}} \cdot \overset{1}{\cancel{2}} \cdot \overset{1}{\cancel{2}} \cdot \overset{1}{\cancel{3}} \cdot 3 \cdot \overset{1}{\cancel{5}} \cdot \overset{1}{\cancel{7}}}{\underset{1}{\cancel{2}} \cdot \underset{1}{\cancel{2}} \cdot \underset{1}{\cancel{2}} \cdot \underset{1}{\cancel{3}} \cdot 5 \cdot \underset{1}{\cancel{5}} \cdot \underset{1}{\cancel{7}} \cdot 11} = \frac{3}{5 \cdot 11} = \frac{3}{55}$$

Wenn du die gemeinsamen Primzahlen von Zähler und Nenner zusammenfasst, ergibt sich als **größter gemeinsamer Teiler ggT** $(2520, 46\,200) = 2 \cdot 2 \cdot 2 \cdot 3 \cdot 5 \cdot 7 = 840$.

Du könntest also auch rechnen: $\frac{2520}{46\,200} \underset{840}{=} \frac{3}{55}$

Wenn du Brüche addieren oder subtrahieren sollst, können schnell sehr große und damit unübersichtliche Zahlen entstehen. Ich zeige dir ein Verfahren, wie du den **kleinsten Hauptnenner** schnell findest. Dazu musst du allerdings die ersten Primzahlen wissen.

Tipp

Zur Wiederholung: 2, 3, 5, 7, 11, 13, 17, 19, 23, 29, 31, 37, 41. Diese Primzahlen reichen für Nenner bis 1600. Und alles, was darüber hinausgeht, ist schon eine ziemliche Gemeinheit!

Beispiel

Aufgabe: $\frac{5}{24} + \frac{3}{16} + \frac{1}{3} + \frac{8}{15} + \frac{5}{8} + \frac{1}{6} =$

1. Schritt

Berechnung des Hauptnenners durch **Primzahlzerlegung**: Alle Einzelnenner werden in der Reihenfolge wie in der Aufgabe aufgelistet.

Beginne mit der kleinsten **Primzahl (2)**. Teile so lange durch 2, bis kein Nenner mehr durch 2 teilbar ist.

Teile die Nenner nun durch die nächste **Primzahl (3)**:

Teile die Nenner nun durch die nächste **Primzahl (5)**:

	24	**16**	3	15	**8**	**6**	← Nur die fetten Nenner sind durch 2 teilbar. Die nicht durch 2 teilbaren Nenner werden einfach in die neue Zeile gezogen.
			↓	↓			
:2	**12**	**8**	3	15	**4**	3	
:2	**6**	**4**	3	15	**2**	3	
:2	3	**2**	3	15	1	3	
:2	3	1	3	15	1	3	← Nun ist keine Zahl mehr durch 2 teilbar.
	3	1	**3**	**15**	1	**3**	
:3	1	1	1	5	1	1	← Nun ist keine Zahl mehr durch 3 teilbar.
	1	1	1	**5**	1	1	
:5	1	1	1	1	1	1	← Keine weiteren Divisionsergebnisse außer 1!
↓							

Die **Primzahlen** werden miteinander multipliziert und du erhältst den kleinsten **Hauptnenner**:

$2 \cdot 2 \cdot 2 \cdot 2 \cdot 3 \cdot 5 = \mathbf{240}$

2. Schritt:
Alle Brüche auf 240 erweitern.

$$\frac{50}{240} + \frac{45}{240} + \frac{80}{240} + \frac{128}{240} + \frac{150}{240} + \frac{40}{240} =$$

Hilfe

Siehe Beispiel Seite 13, 2. Schritt.

3. Schritt:
Alle Zähler auf einen Bruchstrich schreiben und addieren.

$$\frac{50 + 45 + 80 + 128 + 150 + 40}{240} = \frac{493}{240}$$

4. Schritt:
Ergebnis kürzen (falls das überhaupt möglich ist!).
(Anmerkung: $493 = 17 \cdot 29$ hat mit $240 = 2 \cdot 2 \cdot 2 \cdot 2 \cdot 3 \cdot 5$ keinen Faktor gemeinsam, d. h., Kürzen ist nicht möglich.)

Hilfe

Siehe Beispiel Seite 15.

Tipp

Es kann dir passieren, dass du beim Lesen meine Erklärungen nicht verstehst. Manchmal hilft es in einer solchen Situation, wenn du diese Sätze mit deinen eigenen Worten wiedergibst. Sollte noch jemand anderes in der Nähe sein, dann erkläre ihm, was du bereits verstanden hast, und beschreibe danach, was dir noch unklar ist. Dabei stellst du nämlich das Problem mit deinen eigenen Worten dar. So werden manchmal Zusammenhänge deutlich, die du vorher nicht klar gesehen hast.

Tipp

Wenn gar nichts klappen sollte: Mach das Buch zu und versuche es eine Stunde später noch einmal. Findest du auch beim zweiten Anlauf keinen Lösungsweg, siehst du im Lösungsteil nach. Das solltest du aber nur im Notfall machen.

Übung 1

a) $\frac{11}{9} + \frac{7}{3} - \frac{1}{3} + \frac{16}{9} = ?$

b) $\frac{1}{2} + \frac{5}{4} - \frac{2}{5} + \frac{3}{4} - \frac{11}{5} + \frac{13}{5} + \frac{17}{10} + \frac{3}{10} = ?$

c) $\frac{5}{6} - \frac{5}{12} + \frac{2}{3} - \frac{5}{18} + \frac{7}{36} = ?$

d) $\frac{1}{2} + \frac{5}{6} - \frac{2}{5} + \frac{3}{4} - \frac{11}{12} + \frac{13}{15} + \frac{7}{10} + \frac{3}{20} + \frac{31}{60} = ?$

Diese Aufgabe mit den vielen verschiedenen Nennern ist eine gute Gelegenheit mein Verfahren zur Berechnung des kleinsten Hauptnenners auszuprobieren.

Ergebnisse

$\frac{2}{3}$	1	3	$\frac{9}{2} = 4\frac{1}{2}$	5	$\frac{26}{3} = 8\frac{2}{3}$

Tipp

Die Ergebnisse stehen in einer anderen Reihenfolge als die Aufgaben. Sie sind der Größe nach geordnet.

Multiplikation von Brüchen

Du kannst jede Multiplikation von zwei Zahlen als Summe von gleichen Summanden schreiben.

$$\underbrace{4+4+4+4+4}_{\text{5 gleiche Summanden}} = \underbrace{5}_{\substack{\text{Anzahl der}\\\text{Summanden}}} \cdot \underbrace{4}_{\substack{\text{Wert eines}\\\text{Summanden}}}$$

Dasselbe kannst du auch mit Brüchen tun, denn Brüche sind ebenfalls Zahlen.

$$\underbrace{\frac{2}{5}+\frac{2}{5}+\frac{2}{5}+\frac{2}{5}+\frac{2}{5}+\frac{2}{5}+\frac{2}{5}}_{\text{insgesamt 7 gleiche Summanden}}$$

Da alle Brüche gleichnamig sind, kannst du sie sofort addieren:

$$\underbrace{\frac{2}{5}+\frac{2}{5}+\frac{2}{5}+\frac{2}{5}+\frac{2}{5}+\frac{2}{5}+\frac{2}{5}}_{\text{insgesamt 7 gleiche Summanden}} = \frac{2+2+2+2+2+2+2}{5} = \frac{14}{5} \quad \text{oder}$$

$$\underbrace{\frac{2}{5}+\frac{2}{5}+\frac{2}{5}+\frac{2}{5}+\frac{2}{5}+\frac{2}{5}+\frac{2}{5}}_{\text{insgesamt 7 gleiche Summanden}} = \underbrace{7}_{\text{Summandenanzahl}} \cdot \underbrace{\frac{2}{5}}_{\substack{\text{Wert eines}\\\text{Summanden}}} = \frac{14}{5}$$

Tipp

«Gleichnamig» bedeutet, dass alle Brüche denselben Nenner haben.

Wenn du die letzten beiden Zeilen miteinander vergleichst, kannst du die Rechenregel für die Multiplikation einer Zahl mit einem Bruch erkennen:

$$\text{Zahl} \cdot \text{Bruch} = \text{Zahl} \cdot \frac{\text{Zähler}}{\text{Nenner}} = \frac{\text{Zahl} \cdot \text{Zähler}}{\text{Nenner}}$$

Diese Regel kannst du zur Multiplikationsregel von Brüchen erweitern:

$$\text{1. Bruch} \cdot \text{2. Bruch} = \frac{\text{1. Zähler}}{\text{1. Nenner}} \cdot \frac{\text{2. Zähler}}{\text{2. Nenner}} = \frac{\text{1. Zähler} \cdot \text{2. Zähler}}{\text{1. Nenner} \cdot \text{2. Nenner}}$$

Bevor du anfängst zu multiplizieren, ist es meistens besser, vorher zu kürzen!

Tipp

Beispiele

a) $$\frac{12}{19}\cdot\frac{95}{144}=\frac{12\cdot 95}{19\cdot 144}\underset{12}{=}\frac{\cancel{12}^{\,1}\cdot 95}{19\cdot\cancel{144}_{\,12}}\underset{19}{=}\frac{1\cdot\cancel{95}^{\,5}}{\cancel{19}_{\,1}\cdot 12}=\frac{5}{12}$$

b) $$\frac{2}{5}\cdot\frac{8}{15}\cdot\frac{25}{32}\cdot\frac{6}{55}=\frac{\overbrace{2\cdot 8}^{16}\cdot 25\cdot 6}{5\cdot 15\cdot 32\cdot 55}\underset{16}{=}\frac{1\cdot 25\cdot 6}{5\cdot 15\cdot 2\cdot 55}\underset{25}{=}\frac{6}{15\cdot 2\cdot 11}\underset{6}{=}\frac{1}{55}$$

$5\cdot 55=275$ $\qquad$ 30

Du siehst, dass ich erst ganz zum Schluss richtig multiplizieren musste.

Falls dir das Kürzen zu schnell ging, hier noch einmal dasselbe in kleinen Schritten:

$$\frac{2\cdot 8\cdot 25\cdot 6}{5\cdot 15\cdot 32\cdot 55}\underset{8}{=}\frac{2\cdot\cancel{8}^{\,1}\cdot 25\cdot 6}{5\cdot 15\cdot\cancel{32}_{\,4}\cdot 55}\underset{2}{=}\frac{\cancel{2}^{\,1}\cdot 1\cdot 25\cdot 6}{5\cdot 15\cdot\cancel{4}_{\,2}\cdot 55}\underset{5}{=}\frac{1\cdot 1\cdot\cancel{25}^{\,5}\cdot 6}{\cancel{5}_{\,1}\cdot 15\cdot 2\cdot 55}\underset{5}{=}$$

$$\frac{1\cdot 1\cdot\cancel{5}^{\,1}\cdot 6}{1\cdot 15\cdot 2\cdot\cancel{55}_{\,11}}\underset{2}{=}\frac{1\cdot 1\cdot 1\cdot\cancel{6}^{\,3}}{1\cdot 15\cdot\cancel{2}_{\,1}\cdot 11}\underset{3}{=}\frac{1\cdot 1\cdot 1\cdot\cancel{3}^{\,1}}{1\cdot\cancel{15}_{\,5}\cdot 1\cdot 11}=\frac{1}{5\cdot 11}=\frac{1}{55}$$

Übung 2

a) $\frac{1}{5}\cdot\frac{1}{3}\cdot\frac{5}{6}=?$ $\qquad$ b) $\frac{1}{2}\cdot\frac{3}{5}\cdot\frac{5}{6}=?$

c) $\frac{1}{24}\cdot\frac{5}{6}\cdot\frac{4}{5}=?$ $\qquad$ d) $\frac{1}{26}\cdot\frac{5}{4}\cdot\frac{2}{51}\cdot\frac{3}{4}\cdot\frac{11}{5}\cdot\frac{13}{5}\cdot\frac{17}{10}\cdot\frac{3}{11}=?$

Ergebnisse

$\frac{17}{3315}$ $\qquad$ $\frac{3}{800}$ $\qquad$ $\frac{1}{36}$ $\qquad$ $\frac{1}{18}$ $\qquad$ $\frac{1}{4}$ $\qquad$ $\frac{5}{12}$

Division von Brüchen

Vergleiche die beiden folgenden Rechnungen!

$7 : 3 = \frac{7}{3}$ $\qquad$ $7 \cdot \frac{1}{3} = \frac{7}{3}$

Die erste Rechnung ist eine Division; das Ergebnis nennt man **Quotient**. Die zweite Rechnung ist eine Multiplikation; das Ergebnis nennt man **Produkt.** Beide haben dasselbe Ergebnis. Sie bewirken also dasselbe. Darum kannst du aus jeder Division eine Multiplikation machen. Von der Zahl hinter dem Doppelpunkt, dem Divisor, wird der **Kehrwert** (der Kehrbruch) berechnet und als Faktor benutzt. Um dividieren zu können brauchen wir also unbedingt den Kehrwert.
Der Kehrwert ist die Zahl, die man braucht, um bei einem Produkt aus zwei Zahlen den Wert 1 zu bekommen.

Beispiel

a) $\frac{2}{3} \cdot \underbrace{\frac{3}{2}}_{\text{Kehrwert von } \frac{2}{3}} = \frac{6}{6} = 1$

b) $\frac{3}{4} \cdot \underbrace{\frac{4}{3}}_{\text{Kehrwert}} = \frac{12}{12} = 1$

c) $7 \cdot \frac{1}{7} = \frac{7}{1} \cdot \frac{1}{7} = \frac{7}{7} = 1$

Übung 3

Notiere den Kehrwert der folgenden Brüche.

$\frac{11}{5}$ $\qquad$ $\frac{2}{9}$ $\qquad$ $\frac{1}{15}$ $\qquad$ $\frac{5}{8}$ $\qquad$ $\frac{1}{19}$ $\qquad$ $\frac{3}{4}$

Ergebnisse

$\frac{1}{4}$ $\qquad$ $\frac{3}{7}$ $\qquad$ $\frac{5}{11}$ $\qquad$ $\frac{4}{3}$ $\qquad$ $\frac{8}{5}$ $\qquad$ $\frac{9}{2}$ $\qquad$ 15 $\qquad$ 19

Wenn du eine ganze Zahl durch einen Bruch teilen sollst, kannst du die Divisionsaufgabe auch so schreiben:

$4 : \frac{5}{12} = \frac{4}{\frac{5}{12}}$ Das ist **ein** Bruch. Der Zähler ist die 4.

Der Bruch wird mit dem Kehrwert des Nenners erweitert, d. h., es wird «oben» und «unten» mit derselben Zahl malgenommen.

$$= \underbrace{\frac{4 \cdot \frac{12}{5}}{\frac{5}{12} \cdot \frac{12}{5}}}_{\text{mit dem Kehrwert des Nenners erweitert}}$$

Dadurch ergibt sich im Nenner das Ergebnis 1:

$$= \frac{4 \cdot \frac{12}{5}}{1}$$

Also kannst du den Nenner weglassen. Denn ob du eine Zahl durch 1 teilst oder nicht – das hat keinerlei Veränderung zur Folge. Im Zähler bleibt nun nur noch ein **Produkt** übrig:

$$4 \cdot \frac{12}{5} = \frac{48}{5}$$

Dieses Verfahren behält seine Gültigkeit auch dann, wenn ein **Bruch durch einen Bruch** geteilt werden soll:

$$\frac{3}{4} : \frac{5}{12} =$$

Das ist ein Bruch: Der Zähler ist ein Bruch. Der Nenner ist ein Bruch.

$$\frac{\frac{3}{4}}{\frac{5}{12}} = \underbrace{\frac{\frac{3}{4} \cdot \frac{12}{5}}{\frac{5}{12} \cdot \frac{12}{5}}}_{\text{mit dem Kehrwert des Nenners erweitern}} = \frac{\frac{3}{4} \cdot \frac{12}{5}}{1} = \underbrace{\frac{3 \cdot 12}{4 \cdot 5}}_{\text{den Nenner 1 weglassen}} \underset{4}{=} \frac{9}{5}$$

Du siehst, dass ganz allgemein gilt:

Zwei Brüche werden durch einander dividiert, indem der erste Bruch mit dem Kehrwert des zweiten Bruchs multipliziert wird.

Beispiele

a) $\frac{4}{5} : \frac{8}{15} = \frac{4}{5} \cdot \frac{15}{8} = \frac{4 \cdot 15}{5 \cdot 8} \underset{5 \cdot 4}{=} \frac{3}{2} = 1\frac{1}{2}$

b) $2\frac{8}{15} : 4\frac{3}{4} = \frac{38}{15} : \frac{19}{4} = \frac{38 \cdot 4}{15 \cdot 19} \underset{19}{=} \frac{2 \cdot 4}{15 \cdot 1} = \frac{8}{15}$

Kürzen nicht vergessen! In kleinen Schritten kürzt du in a) erst durch 5 und dann durch 4. (Vergleiche Multiplikation!)

HALT! Schreibe die Aufgaben ab, schließe das Buch, rechne selber!

Übung 4

a) $\frac{9}{2} : \frac{3}{4} = ?$ b) $\frac{11}{17} : \frac{55}{51} = ?$

c) $\frac{27}{35} : \frac{63}{77} = ?$ d) $\frac{5}{6} : \frac{15}{16} = ?$

Ergebnisse

$\frac{1}{4}$ $\frac{3}{5}$ $\frac{8}{9}$ $\frac{33}{35}$ $\frac{8}{5} = 1\frac{3}{5}$ 6

Klammerrechnung

In der Mathematik werden Zahlen, Rechenzeichen, Buchstaben und Sonderzeichen zu mathematischen Ausdrücken zusammengefasst. Ein Beispiel: $\frac{3}{4} + x^2 - \sqrt{5}$

Zur Berechnung mathematischer Ausdrücke – dein Mathematiklehrer nennt einen solchen Ausdruck einen **Term** – gibt es genau festgelegte Regeln: Die Punktrechnungen «mal» und «geteilt» müssen zuerst ausgeführt werden. Erst danach kommen die Strichrechnungen «plus» und «minus» an die Reihe.
Wenn nun diese Reihenfolge **nicht** eingehalten werden soll, dann muss das, was zuerst berechnet werden soll, in Klammern gesetzt werden.

Alles, was in einer Klammer steht, muss zuerst berechnet werden.

Beispiele

Aufgabe 1: $12 + 3 \cdot 4 = 12 + 12 = 24$

Keine Klammern, also **P**unkt- **v**or **S**trichrechnung.

Merke dir: **PvS**

Aufgabe 2: $(12 + 3) \cdot 4 = 15 \cdot 4 = 60$

Die Klammer schreibt hier vor, dass zuerst addiert werden muss; anschließend soll multipliziert werden.

Wie du siehst, unterscheiden sich die Ergebnisse sehr stark, obwohl die Zahlen und Rechenzeichen in derselben Reihenfolge geschrieben sind.

Aufgabe: $\frac{2}{3}\cdot\frac{5}{6}+\frac{4}{5}:\frac{8}{15}-\frac{5}{3}\cdot\frac{1}{3}=\,?$

Beispiel

Keine Klammern! Hier musst du einfach **PvS** rechnen.

HALT! **Schreibe die Aufgabe ab, schließe das Buch, rechne selber!**

Und nun zu deiner Kontrolle:

$$\frac{2}{3}\cdot\frac{5}{6}+\frac{4}{5}:\frac{8}{15}-\frac{5}{3}\cdot\frac{1}{3}=\frac{2\cdot 5}{3\cdot 6}+\frac{4\cdot 15}{5\cdot 8}-\frac{5}{3\cdot 3}=$$

$$=\frac{5}{9}+\frac{\overset{1}{\cancel{4}}\cdot\overset{3}{\cancel{15}}}{\underset{1}{\cancel{5}}\cdot\underset{2}{\cancel{8}}}-\frac{5}{9}=\frac{3}{2},\text{ denn }\frac{5}{9}-\frac{5}{9}=0.$$

Hilfe

Vergleiche Aufgabe 1, Seite 24.

Aufgabe: $\left(\frac{2}{3}+\frac{1}{4}\right)\cdot\left(\frac{4}{5}-\frac{14}{55}\right)-\left(\frac{2}{9}-\frac{1}{18}\right)=\,?$

Beispiel

Viele Klammern! Hier musst du sogar **PvS** zwischen den Klammern rechnen.

HALT! **Schreibe die Aufgabe ab, schließe das Buch, rechne selber!**

Und nun zu deiner Kontrolle:

$$\left(\frac{2}{3}+\frac{1}{4}\right)\cdot\left(\frac{4}{5}-\frac{14}{55}\right)-\left(\frac{2}{9}-\frac{1}{18}\right)=\left(\frac{8+3}{12}\right)\cdot\left(\frac{44-14}{55}\right)-\left(\frac{4-1}{18}\right)=$$

$$=\left(\frac{11}{12}\right)\cdot\left(\frac{30}{55}\right)-\left(\frac{3}{18}\right)=$$

Jetzt kürzen!

$$=\left(\frac{11}{12}\right)\cdot\left(\frac{6}{11}\right)-\left(\frac{1}{6}\right)=$$

PvS! Jetzt kürzen!

$$=\frac{1}{2}-\frac{1}{6}=\frac{3-1}{6}=\frac{2}{6}=\frac{1}{3}$$

Klammern können auch innerhalb einer Klammer stehen. An ihrer Form kannst du sehen, wo sie beginnen und wo sie enden:

[{ (innerste Klammer!) }]

↑ ↑ ↑ öffnende … schließende ↑ ↑ ↑

Klammern

Wenn nun aber **nur** runde Klammern benutzt werden, fängst du mit dem Berechnen der innersten Klammer an. Die letzte Klammer ist die äußerste Klammer:

$$\underbrace{\left(\underbrace{\left(\underbrace{(\text{das ist die innerste Klammer})}_{\text{zuerst berechnen}}\right)}_{\text{jetzt diese Klammer berechnen}}\right)}_{\text{ganz zum Schluss die äußerste Klammer berechnen}}$$

Beispiel

Aufgabe $\left(\frac{3}{8}+\frac{4}{3}+\frac{1}{2}+\frac{7}{12}\right):\left(\left(\frac{1}{2}-\frac{1}{3}\right)\cdot\frac{1}{8}\right)=?$

1. Schritt:

Hier findest du drei Klammern. Eine davon steht wiederum in einer Klammer. In der ersten Klammer werden die Brüche auf den Hauptnenner gebracht. In der zweiten großen Klammer musst du zuerst die innere Klammer berechnen.

$$\left(\frac{9+32+12+14}{24}\right):\left(\frac{1}{6}\cdot\frac{1}{8}\right)=?$$

2. Schritt:

Berechne jetzt die Klammern.

$$\left(\frac{67}{24}\right):\left(\frac{1}{48}\right)=?$$

3. Schritt:

Die Werte in den Klammern sind jetzt bekannt. Nun kann geteilt werden.

Vor dem Malnehmen erst kürzen (falls das möglich ist).

$$\frac{67\cdot 48}{24\cdot 1} \underset{24}{=} \frac{67\cdot \overset{2}{\cancel{48}}}{\underset{1}{\cancel{24}}\cdot 1} = \frac{134}{1}$$

Statt $\frac{134}{1}$ schreibst du besser 134.

Falls du einige Ergebnisse nicht nachvollziehen kannst, wiederhole das Addieren, Subtrahieren, Multiplizieren und Dividieren von Brüchen, Seite 13 bis 23.

Tipp

Beispiel

Aufgabe: $\left(\frac{1}{3}\cdot\left(\frac{7}{8}-\frac{5}{6}\right)+\frac{1}{8}\cdot\frac{5}{3}\right)\cdot\left(\left(\frac{9}{8}+\frac{4}{3}\right)-\left(\frac{1}{8}+\frac{3}{10}\right)\right)=?$

1. Schritt:

Zuerst die inneren Klammern berechnen.

$$\left(\frac{1}{3}\cdot\left(\frac{1}{24}\right)+\frac{1}{8}\cdot\frac{5}{3}\right)\cdot\left(\left(\frac{59}{24}\right)-\left(\frac{17}{40}\right)\right)=?$$

2. Schritt:

Jetzt die Punktrechnungen in der ersten Klammer ausführen.

$$\left(\left(\frac{1}{72}\right)+\frac{5}{24}\right)\cdot\left(\left(\frac{59}{24}\right)-\left(\frac{17}{40}\right)\right)=?$$

Tipp

Die Hauptrechenzeichen und das abschließende Gleichheitszeichen untereinander schreiben.

3. Schritt:

Die inneren Klammern sind jetzt überflüssig, da in ihnen keine Rechenoperationen stehen, sondern nur Zahlen. Nun die beiden Klammern berechnen.

$$\left(\frac{16}{72}\right)\cdot\left(\frac{244}{120}\right)=?$$

4. Schritt:

Jetzt erst die beiden Klammern miteinander multiplizieren. Vor dem Rechnen: kürzen!

$$\frac{16\cdot 244}{72\cdot 120}\underset{8\cdot 4}{=}\frac{\overset{2}{\cancel{16}}\cdot\overset{61}{\cancel{244}}}{\underset{9}{\cancel{72}}\cdot\underset{30}{\cancel{120}}}\underset{2}{=}\frac{\overset{1}{\cancel{2}}\cdot 61}{9\cdot\underset{15}{\cancel{30}}}=\frac{61}{135}$$

Achtung: Die Kürzungszahlen stehen unter dem Gleichheitszeichen!

Tipp Wenn du solch umfangreiche Aufgaben bearbeitest, dann achte darauf, dass die Rechenzeichen und das Gleichheitszeichen möglichst untereinander stehen. Falls dir einmal ein Ergebnis nicht ganz geheuer vorkommt, kannst du deine Rechenschritte viel besser überprüfen, wenn die Teilergebnisse untereinander stehen.

Übung 5

a) $\frac{3}{5} \cdot \frac{1}{4} + \frac{7}{10} \cdot \frac{1}{2} = ?$ b) $3 \cdot \left[5 - \frac{3}{4} \cdot \frac{4}{3}\right] = ?$

c) $\frac{1}{5} \cdot \frac{1}{3} \cdot \frac{5}{6} + \frac{1}{2} \cdot \frac{3}{5} \cdot \frac{5}{6} + \frac{1}{24} \cdot \frac{5}{6} \cdot \frac{4}{5} = ?$

d) $\left[\frac{3}{5} \cdot \frac{1}{3} + \frac{2}{5} \cdot \frac{5}{8}\right] \cdot \left[\frac{5}{12} \cdot \frac{8}{15} - \frac{2}{3} \cdot \frac{37}{120}\right] = ?$

Ergebnisse

$\frac{3}{400}$ $\frac{1}{3}$ $\frac{1}{2}$ $\frac{13}{12}$ 12

Knifflige Aufgaben

Das ist alles, was du für das Rechnen mit Brüchen wissen musst. Und nun: Übung macht den Meister!
Ich habe dir einige – recht umfangreiche – Brüche zusammengestellt, in denen alle Bruchrechenarten in einer Aufgabe vorkommen.

1. Klammern «von innen nach außen» berechnen.
2. Innerhalb der Klammern gilt immer **PvS**.
3. Zwischen den Klammern gilt auch **PvS**.

Ich mache dir einmal vor, wie ein solcher Bruchterm berechnet werden kann. Anschließend kannst du es selbständig ausprobieren:

Beispiel

Scheußliche Aufgabe (finde ich!), aber zu schaffen!

Aufgabe: $\frac{15}{32} \cdot \left(\frac{1}{3} + \frac{9}{5}\right) : \left(\left(\frac{2}{15} + \frac{1}{5}\right) \cdot \left(\frac{3}{5} - \frac{1}{4}\right) - \left(\frac{3}{10} - \frac{1}{5}\right)\right) = ?$

1. Schritt:
Innere Klammern in der 2. Klammer zuerst berechnen. Gleichzeitig kannst du auch schon die erste Klammer berechnen. Die Rechenzeichen und das Gleichheitszeichen sollen untereinander stehen.

$$\frac{15}{32} \cdot \left(\frac{5 + 27}{15}\right) : \left(\left(\frac{2 + 3}{15}\right) \cdot \left(\frac{12 - 5}{20}\right) - \left(\frac{3 - 2}{10}\right)\right) = ?$$

2. Schritt:
Die inneren Klammern und die erste Klammer sind nun zusammengefasst.

$$\frac{15}{32} \cdot \left(\frac{32}{15}\right) : \left(\left(\frac{5}{15}\right) \cdot \left(\frac{7}{20}\right) - \left(\frac{1}{10}\right)\right) = ?$$

3. Schritt:

Jetzt die letzte Klammer nach PvS berechnen und das erste Produkt kürzen!

$$\frac{15 \cdot 32}{32 \cdot 15} : \left(\frac{7}{60} - \frac{6}{60} \right) = ?$$

4. Schritt:

Du kannst alle Klammern weglassen.

$$1 : \frac{1}{60} = ?$$

Schönes Ergebnis, stimmt's?

5. Schritt:

$$= 60$$

So, und nun bist **du** dran.

Übung 6

a) $\frac{1}{3} \cdot \frac{1}{4} \cdot \frac{1}{5} + \frac{1}{6} \cdot \frac{1}{2} \cdot \frac{1}{5} + \frac{1}{2} \cdot \frac{1}{8} \cdot \frac{1}{6} + \frac{1}{3} \cdot \frac{1}{2} \cdot \frac{1}{4} + \frac{1}{12} \cdot \frac{1}{8} \cdot \frac{1}{5} = ?$

b) $\left(\frac{5}{6} \cdot \frac{1}{2} + \frac{3}{8} \cdot \frac{1}{3}\right) : \left(\frac{3}{4} \cdot \frac{5}{6} - \frac{17}{16} \cdot \frac{1}{3}\right) = ?$

c) $\left(\left(\frac{6}{5} \cdot \frac{3}{4} + \frac{4}{3} \cdot \frac{1}{2}\right) \cdot \left(\frac{9}{14} \cdot \frac{7}{18} + \frac{9}{20} \cdot \frac{5}{9}\right)\right) : \frac{47}{90} = ?$

d) $\left[\left[\left(\frac{3}{8} + \frac{1}{4}\right) \cdot \left(\frac{11}{15} - \frac{11}{60}\right) \cdot \frac{5}{11} + \frac{7}{8}\right] \cdot \frac{8}{33} + \frac{11}{15}\right] \cdot \frac{120}{59} = ?$

Ergebnisse

$\frac{7}{80}$	$\frac{1}{10}$	$\frac{3}{2} = 1\frac{1}{2}$	2	2	16

Du hast jetzt den ersten großen Abschnitt dieses Buches bearbeitet, nämlich die **Bruch-Rechnung** und die **Klammer-Rechnung**. Gehe nun zu Seite 8 und markiere den Teil des Kletterbalkens farbig, der mit «BR, KR» bezeichnet ist. Und fülle auch gleich die Kontroll-Tabelle auf Seite 12 aus. Lege dabei die Termine für die beiden Wiederholungen fest.
Nun bearbeitest du die **Mathematik-Klausur Nr. 1** (Seite 71). Lies vorher die Seiten 68 bis 70.

Trage die Termine zur Erinnerung auch in einen Kalender ein.

Diese Aufgaben sind für die **1. Wiederholung** vorgesehen:

Übung

1. $\frac{1}{4}\cdot\frac{1}{3}\cdot\frac{4}{5}+\frac{2}{3}\cdot\frac{3}{4}\cdot\frac{2}{5}-\frac{1}{4}\cdot\frac{5}{6}\cdot\frac{4}{5}=?$

2. $\left(\frac{4}{3}\cdot\frac{9}{16}\cdot\frac{5}{6}+\frac{1}{2}\cdot\frac{8}{5}\cdot\frac{5}{3}\right)-\left(\frac{2}{3}\cdot\frac{5}{8}\cdot\frac{5}{2}+\frac{6}{7}\cdot\frac{14}{15}\cdot\frac{55}{48}\right)=?$

3. $\left(\left(\frac{7}{8}-\frac{5}{6}\right)+\frac{1}{8}\cdot\frac{5}{3}\right)\cdot\left[\left(\frac{9}{8}+\frac{4}{5}\right)-\left(\frac{1}{8}+\frac{3}{10}\right)\right]=?$

4. $\left(\frac{3}{8}\cdot\frac{2}{3}+\frac{3}{2}\cdot\frac{5}{6}\right):\left(\frac{7}{12}\cdot\frac{9}{14}-\frac{2}{3}\cdot\frac{1}{2}\right)=?$

Diese Aufgaben sind für die **2. Wiederholung** vorgesehen:

Übung

5. $\left(\frac{5}{6}-\frac{5}{8}\right)+\left(\frac{2}{3}-\frac{2}{5}\right):\left(\frac{1}{4}+\left(\frac{9}{10}-\frac{3}{20}\right)\right)=?$

6. $\left[\left(\left(\frac{4}{3}+\frac{7}{6}\right)\cdot\frac{2}{3}-\frac{4}{18}\right):\left(\frac{75}{56}+\frac{2}{7}\right)\right]\cdot\frac{7}{8}+\frac{11}{9}=?$

Ergebnisse

0	$\frac{5}{96}$	$\frac{1}{10}$	$\frac{1}{3}$	$\frac{3}{8}$	$\frac{19}{40}$	1	2	24	36

Schnell kein Problem mehr: Direkte Proportionen

Für dich zur Kontrolle:

Ich habe das Kapitel «Direkte Proportionen»			
	angefangen (Datum):	beendet (Datum):	erfolgreich bearbeitet (Unterschrift):
zum 1. Mal bearbeitet			
1. Wiederholung			
2. Wiederholung			

Du kennst sicherlich die bunten russischen Holzpuppen. Bei denen steckt eine Puppe in einer Puppe in einer Puppe … Wenn du diese Puppen nebeneinander stellst, ist das Verhältnis von Kopfgröße zu der gesamten Körperlänge immer gleich. Ein solches Verhältnis nennen wir eine direkte Proportion.

Proportionale Zuordnung

Wenn du dir etwas Gutes gönnen möchtest und dir Gummibärchen kaufst, dann weißt du aus Erfahrung: Je mehr Gummibärchen du nimmst, desto teurer wird das Vergnügen.
Nicht nur Kopfgröße und Körperlänge, Menge und Preis hängen eng zusammen. Es gibt noch viele andere Dinge im Leben, die einfach zusammengehören:

- jedes Kind hat eine Mutter;
- ein linker und ein rechter Schuh bilden ein Paar Schuhe;
- eine Woche hat sieben Tage;

  usw.

Dieser Zusammenhang heißt in der Mathematik Zuordnung.
Eine Zuordnung wird durch einen Pfeil «$\rightarrow$» dargestellt. In der Mathematik wird der Satz «Jedes Kind hat eine Mutter» ausgedrückt durch:

jedes Kind $\rightarrow$ Mutter.

Hier wird jedem Kind **eindeutig** eine Mutter zugeordnet.
Zuordnungen müssen nicht immer eindeutig sein. Wenn du die oben genannte Zuordnung umdrehst, ist sie nicht mehr eindeutig: «Jede Mutter hat ein Kind» ist sicher nicht immer richtig.
Es gibt Mütter, die mehr als ein Kind haben.
Obwohl es also in der Mathematik sehr viele verschiedene Arten von Zuordnungen gibt, interessieren uns besonders die **eindeutigen Zuordnungen**, weil man sie mit Hilfe von Gleichungen beschreiben kann. Dadurch lassen sich eindeutige Zuordnungen auch berechnen.
Eindeutige Zuordnungen von Zahlen kommen im täglichen Leben sehr häufig vor:

- die Menge der gekauften Milch ist eindeutig dem Preis zugeordnet;
- die Anzahl der Umdrehungen des Vorderrades deines Fahrrads ist eindeutig der zurückgelegten Strecke zugeordnet;

  usw.

Zum Weiterspielen:
Ist der Satz «Jede Mutter hat mindestens ein Kind» richtig?

Ganz bestimmt! Denn wenn sie kein Kind hätte, dann wäre sie auch keine Mutter.

Beispiel

Wenn sich das Vorderrad einmal gedreht hat, ist dein Fahrrad 2 m gefahren. Bei 2 Umdrehungen sind es dann 4 m. Bei 10 Umdrehungen hättest du schon 20 m zurückgelegt.
Bei 100 Umdrehungen wären es 200 m und bei 10 000 Umdrehungen wärst du 20 000 m, d. h. 20 km, gefahren.
Du siehst: Je mehr Umdrehungen des Vorderrades, desto weiter fährst du mit deinem Fahrrad. Ein «Mathematiker» würde deinen Ausflug so beschreiben: Die Anzahl der Umdrehungen deines Vorderrades ist eindeutig der zurückgelegten Strecke zugeordnet.

In einer Tabelle zusammengefasst:

x = Umdrehungen	1	2	10	100	10 000
y = zurückgelegte Strecke in m	2	4	20	200	20 000

Wir sehen uns erst einmal eine Zuordnung zwischen zwei Zahlen **ohne Benennungen** an (d. h. ohne cm, ohne DM, ohne kg; einfach nur die Zahlen).
Bei Brüchen wird dem Zähler eindeutig ein Nenner zugeordnet.
Z. B. wird bei $\frac{3}{5}$ der 3 die 5 zugeordnet.

Zähler $\rightarrow$ Nenner
3 $\rightarrow$ 5

Hilfe

Schlage zur Erinnerung noch einmal Seite 13 auf.

Wie du weißt, kann man bei der Addition von Brüchen diese so verändern, dass alle denselben Nenner – den Hauptnenner – haben. Das geschieht durch **Erweitern.**
Für unseren Beispielbruch $\frac{3}{5}$ kannst du deshalb auch schreiben:

$$\frac{3}{5} \overset{2}{=} \frac{6}{10} \overset{5}{=} \frac{30}{50} \overset{4}{=} \frac{120}{200} \text{ oder } \frac{3}{5} \overset{14}{=} \frac{42}{70} \text{ oder } \frac{3}{5} \overset{23}{=} \frac{69}{115} \ldots$$

Du siehst, es wird hier einem Zähler eindeutig ein Nenner zugeordnet, damit immer $\frac{3}{5}$ herauskommt (wenn man die Brüche wieder kürzt):

3 → 5 und 6 → 10 und 30 → 50 und 120 → 200 und 42 → 70 und 69 → 115 und so weiter.

Ganz allgemein kann man sagen: Durch eine Zuordnung werden zwei Zahlen miteinander verbunden.

Wenn ich die beiden beteiligten Zahlen nicht kenne, dann nenne ich sie **x** und **y**. Ich weiß aber, dass sie **durch eine Vorschrift, eine Gleichung oder Ähnliches zusammengehören.**
Ich nenne diese Zuordnung **g.** (Zuordnungen werden mit kleinen Buchstaben bezeichnet.)
Nun kannst du schreiben:

g:	x	→	y
Name der Zuordnung	Ausgangs-wert		Zielwert

Damit sind **alle möglichen** x-Werte und **alle dazugehörenden** y-Werte eindeutig miteinander verknüpft. Ich könnte unsere Kette von Zahlenpaaren aus dem oben stehenden Beispiel, die einander zugeordnet werden, auch so schreiben:

x	→	y
3	→	5
6	→	10
30	→	50
120	→	200

Wenn du dir einen Ausgangswert – also den x-Wert – ausgesucht hast, ist die Frage, wie du den dazupassenden y-Wert – den Zielwert – erhältst. Du brauchst also eine **Zuordnungsvorschrift.** Wie man sie findet, zeige ich dir.

Die **Gleichungskette**

$$\frac{3}{5} \overset{2}{=} \frac{6}{10} \overset{5}{=} \frac{30}{50} \overset{4}{=} \frac{120}{200} \text{ oder } \frac{3}{5} \overset{14}{=} \frac{42}{70} \text{ oder } \frac{3}{5} \overset{23}{=} \frac{69}{115} \ldots$$

schreibe ich als Tabelle:

x = Zähler	3	6	30	120	42	69
y = Nenner	5	10	50	200	70	115

Die ursprünglichen Brüche kannst du in der Tabelle noch gut erkennen.

Die **Zuordnung** (von Seite 35) kann ich ebenfalls als Tabelle schreiben.

Dazu drehe ich die Pfeilrichtung von → auf ↓.

x	3	6	30	120	42	69
↓	↓	↓	↓	↓	↓	↓
y	5	10	50	200	70	115

Die Tabelle beschreibt also sowohl die **Gleichungskette** als auch die **Zuordnung.** Betrachte nun wieder die Tabelle ohne die Zuordnungspfeile.

Aus der Tabelle kannst du ablesen, dass x der Zähler und y der Nenner eines Bruches ist, dessen Wert $\frac{3}{5}$ beträgt. Kurz gesagt:

$$\frac{x}{y} = \frac{3}{5}$$

Diese **Gleichung** ist bereits die gesuchte **Zuordnungsvorschrift.** Mal sehen, ob wir damit schon rechnen können.

Wenn die Tabelle vollständig ausgefüllt ist, enthält sie nur Zahlenpaare, die als Bruch geschrieben denselben Wert haben. Solche Zahlenpaare nennt man **quotientengleiche Zahlenpaare**. In unserem Beispiel ist dieser gleichbleibende Wert $\frac{3}{5}$.

Tipp

Wenn du die obige Tabelle daraufhin überprüfst, wirst du feststellen, dass 3 : 5 = 0,6; 6 : 10 = 0,6; 30 : 50 = 0,6 usw. (Du kannst auch den Nenner durch den Zähler teilen, dann erhältst du immer 1,66.)

Die Brüche in der Tabelle müssen durch Erweitern aus $\frac{3}{5}$ hervorgehen. Denn beim Erweitern wird nur die äußere Form eines Bruches verändert, sein Wert dagegen nicht.

Ich habe nun die x-Werte verändert.
Berechne die passenden y-Werte, so dass Brüche mit dem Wert $\frac{3}{5}$ entstehen.

Übung 7

x	3	27	12	15	33	72
y	5					

Tipp

Wenn dir dies noch zu schwer ist, bearbeite erst das nächste Kapitel.

HALT! Schreibe die Aufgabe ab, schließe das Buch, rechne selber!

Ergebnisse

5 15 20 25 40 45 55 60 120 125

So berechnest du fehlende Werte

Wie du eben selbst gemerkt hast, kannst du aus der **Gleichung** $\frac{x}{y} = \frac{3}{5}$ in mehreren Schritten durch **Erweitern** einen neuen y-Wert berechnen – wenn ein neuer x-Wert bekannt ist – und umgekehrt.

x	3	27				
y	5					

Der neue x-Wert ist 27. Der neue x-Wert 27 ist das Neunfache des bekannten x-Wertes 3 ($3 \cdot 9 = 27$). Also muss auch der schon bekannte y-Wert 5 mit der Erweiterungszahl 9 multipliziert werden, damit gilt: $\frac{x}{y} = \frac{3}{5} \overset{9}{=} \frac{27}{45}$

Ein gegebener y-Wert legt die anderen y-Werte fest, wenn die jeweiligen x-Werte bekannt sind.

Ich zeige dir jetzt, wie man die y-Werte direkt berechnet. Dazu brauche ich eine Tabelle mit mindestens **einem** bekannten y-Wert.

x	3	27	6	30	120	42	69
y	5	45					

Um den passenden y-Wert für den neuen x-Wert 6 zu berechnen, teile ich diesen x-Wert 6 durch den x-Wert des vollständig bekannten Zahlenpaares (3). Dann erhalte ich die Erweiterungszahl 2. (Diese Zahl macht aus der 3 die 6 [$3 \cdot 2 = 6$].) Jetzt muss ich auch den bekannten y-Wert 5 mit dieser Erweiterungszahl multiplizieren. So bekomme ich den neuen y-Wert 10.

Tipp

$\frac{3}{5} \overset{2}{=} \frac{6}{10}$

So habe ich gerechnet: $\overbrace{6}^{\text{neuer x-Wert}} : \overbrace{3}^{\text{bekannter x-Wert}} = 2$ und danach

$2 \cdot \underbrace{5}_{\text{bekannter y-Wert}} = \underbrace{10}_{\text{neuer y-Wert}}$

Den neuen y-Wert trage ich in die Tabelle ein.

Übung 8

Berechne mit der neuen Methode den **nächsten y-Wert** und trage das Ergebnis in die Tabelle ein.

HALT! Schreibe die Aufgabe ab, schließe das Buch, rechne selber!

Damit das Berechnen des nächsten y-Wertes schneller geht, fassen wir die zwei Rechenschritte zusammen:

Das hast du auf Seite 12 kennen gelernt.

Aus:

$30 : 3 = \mathbf{10}$ und danach

$\mathbf{10} \cdot 5 = 50$ (das ist dein neuer y-Wert)

wird:

Die Division (30 : 3) betrachten wir als Bruch ($\frac{30}{3}$) und multiplizieren mit dem bekannten y-Wert: $\frac{30}{3} \cdot 5 = 50$

50 ist der neue y-Wert, den ich in die Tabelle eintrage.

Wenn wir für weitere x-Werte die fehlenden y-Werte berechnen, benutzen wir denselben Rechenweg. Der neue x-Wert muss durch 3 geteilt und das Ergebnis anschließend mit 5 multipliziert werden.

Also: $\frac{x}{3} \cdot 5 = y$ Das kann ich auch so schreiben: $y = x \cdot \frac{5}{3}$

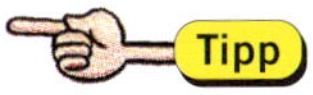

Setze für x eine Zahl ein. Du erhältst dann den passenden y-Wert.

$\frac{5\,(\text{y-Wert des bekannten Paares})}{3\,(\text{x-Wert des bekannten Paares})}$ wird dabei **Proportionalitätsfaktor** genannt.

Man rechnet also:
neuer y-Wert = neuer x-Wert · Proportionalitätsfaktor

Beispiel: $y = 27 \cdot \frac{5}{3}$

$y = 45$

Wir ergänzen die Tabelle:

x	3	1	27	6	42	69	54	75
y	5	$\frac{5}{3}$	45					

Übung 9

Berechne die fehlenden y-Werte.

HALT! Schreibe die Aufgabe ab, schließe das Buch, rechne selber!

Ergebnisse

1 9 10 15 20 70 90 110 115 125

Du weißt jetzt, wie man mit Proportionen rechnet. Dieses Verfahren kommt im Alltag häufig vor. Dazu betrachten wir am besten ein Beispiel.

Beispiel

Aufgabe: 3 kg Butter kosten 10,20 DM. Was kosten 4 kg, 0,5 kg, 2,5 kg, 5 kg?

Als Tabelle:

Menge Butter in kg	x	3	1	4	0,5	2,5	5
Preis in DM	y	10,20					

Hilfe

Vergleiche S. 14. Auch Einheiten kannst du kürzen.

1. Schritt:

Berechne zuerst, was **1** kg Butter kostet.
Teile den Preis durch die Menge: 10,20 DM : 3 kg.

$$\underbrace{y}_{\substack{\text{neuer}\\ \text{y-Wert}}} = \underbrace{1\,\text{kg}}_{\substack{\text{neuer}\\ \text{x-Wert}}} \cdot \underbrace{\frac{10,20\ \text{DM}}{3\ \text{kg}}}_{\text{Proportionalitätsfaktor}}$$

$$y = 3{,}40\ \text{DM}$$

Der Preis für 1 kg Butter beträgt 3,40 DM. Diesen Wert trägst du in die Tabelle ein.

2. Schritt:

Alle weiteren Preise sind Vielfache von 3,40 DM. Bei 4 kg Butter ergibt sich also: 4 · 3,40 DM = 13,60 DM. Diesen Wert trägst du in die Tabelle ein.

Menge Butter in kg	x	3	1	4	0,5	2,5	5
Preis in DM	y	10,20	3,40	13,60			

Tipp

4 kg ist das Vierfache von 1 kg. Deshalb kosten 4 kg das Vierfache von 3,40 DM.

Übung 10

Berechne nun die weiteren Preise.

Ergebnisse

0,52	0,68	1,70	8,50	9,50	17

Übung 11

Wenn sich bei einem Fahrrad das 28er Vorderrad 400-mal gedreht hat, bist du genau 800 m weit gefahren. Lege eine ähnliche Tabelle an, wie du sie für Butter und Geld berechnet hast, und berechne die fehlenden Werte.

Umdrehungen	x	400	1	20	150	1850
zurückgelegte Strecke in m	y	800				

Tipp Auch bei dieser Aufgabe solltest du Brüche verwenden. Du kannst einfacher mit ihnen rechnen als mit langen und komplizierten Dezimalzahlen.

Ergebnisse

$\frac{1}{2}$	2	40	300	3700	7200

Tipp Du kannst deine Ergebnisse selbst kontrollieren: Denke daran, dass deine Zahlenpaare Brüche ergeben müssen, die alle denselben Wert haben.
Für diese Tabelle musst du den Bruch $\frac{\text{Umdrehungen}}{\text{Strecke}} = \frac{x}{y} = \frac{1}{2}$ benutzen.

Zu diesem Wert kommst du, wenn du eine Tabellenspalte wieder als Bruch schreibst und vollständig kürzt.

Die Kürzungszahl steht unter dem Gleichheitszeichen.

Beispiel: $\frac{150}{300} \underset{150}{=} \frac{1}{2}$

Direkte Proportionen graphisch dargestellt

Wie du gesehen hast, berechnen wir Zahlenpaare, die sich in einer Tabelle ordnen lassen. Jedes Zahlenpaar lässt sich aber auch zeichnerisch (also graphisch) als Punkt darstellen. Wir sehen uns noch einmal unser erstes Beispiel an (vgl. Seite 38) und ergänzen es durch einige weitere Zahlenpaare:

x	3	1	6	9	4
y	5	$\frac{5}{3}$	10	15	$\frac{5 \cdot 4}{3} = \frac{20}{3}$

Diese Zahlenpaare können direkt in ein **Koordinatensystem** (oder Quadratgitter oder Achsenkreuz; das bedeutet alles dasselbe) übertragen werden. Achte darauf, dass die x-Werte auf der waagerechten Achse, die y-Werte auf der senkrechten Achse eingetragen werden.

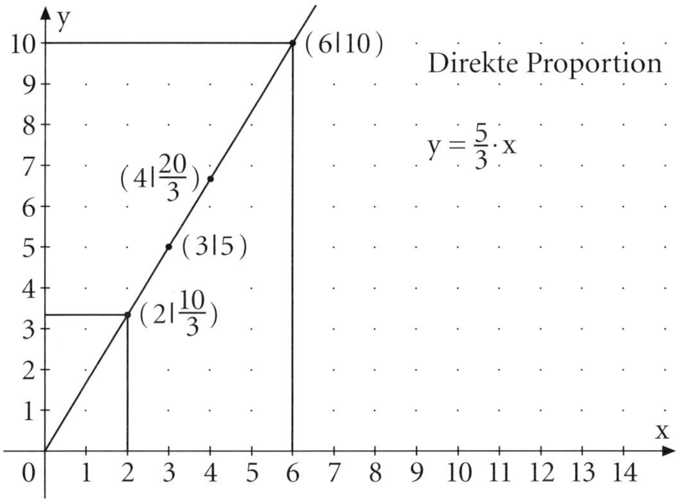

Wenn du dir die Punkte genau ansiehst, erkennst du, dass sie auf einer **Geraden** liegen, die durch den Punkt O (0/0) läuft. (Der Punkt O heißt Ursprung des Koordinatensystems.) Diese Eigenschaft haben nur **quotientengleiche Zahlenpaare**. Sie beweist, dass eine direkte Proportion vorliegt.

Die Gerade ist der Graph der Zuordnung

Übung 12

1. Von einer proportionalen Zuordnung ist ein Zahlenpaar bekannt.
   a) Übertrage die folgende Tabelle in dein Heft. Berechne die y-Werte.

x	5	1	2	4	7	10
y	3					

   b) Ein Zahlenpaar stellt einen Punkt im Koordinatensystem dar. Zeichne den vollständigen Graphen der Zuordnung aus 1 a) in ein Achsenkreuz mit 1 Längeneinheit ≙ 1 cm.

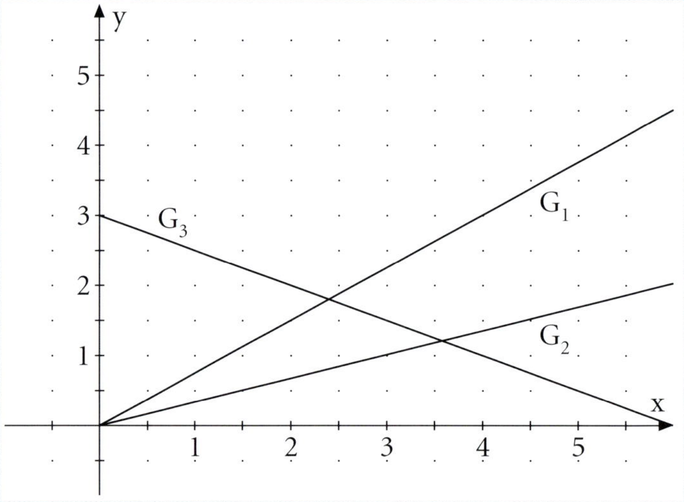

2. Gegeben sind die Graphen G_1, G_2 und G_3.
   Welche Graphen stellen proportionale Zuordnungen (direkte Proportionen) dar? Begründe deine Auswahl schriftlich im Heft.

Ergebnisse

$\frac{3}{5}$ $\frac{6}{5}$ $\frac{9}{5}$ $\frac{12}{5}$ 3 $\frac{21}{5}$ $\frac{25}{5}$ 6

Übung 13

1. Von einer proportionalen Zuordnung ist **ein** Zahlenpaar bekannt.
   a) Übertrage die folgende Tabelle in dein Heft. Berechne dann die passenden y-Werte.

x	5	1	2	8	10
y	4				

   b) Ein Zahlenpaar stellt einen Punkt im Koordinatensystem dar. Zeichne den vollständigen Graphen der Zuordnung aus 1 a) in ein Achsenkreuz mit 1 Längeneinheit (LE) ≙ 1 cm.

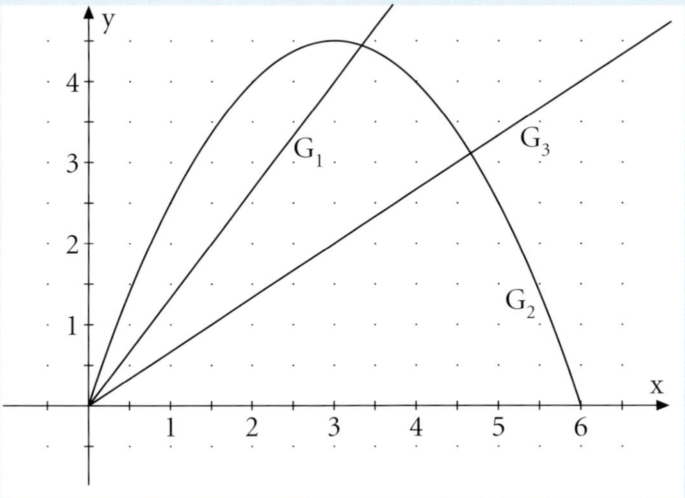

2. Gegeben sind die Graphen G_1, G_2 und G_3.
   Welcher Graph stellt keine proportionale Zuordnung (direkte Proportion) dar? Begründe deine Auswahl schriftlich.

Ergebnisse

$\frac{4}{5}$	$\frac{8}{5}$	$\frac{16}{5}$	$\frac{32}{5}$	6	8

Textaufgaben mit direktem Dreisatz

Bei der Berechnung von Proportionen hast du auch schon **Textaufgaben** bearbeitet.
Denke an die Butter- und Fahrradreifenaufgabe (Seite 41 und 42). Du hast dabei in einer Tabelle Zahlenpaare berechnet, die den Zusammenhang zwischen Menge und Preis oder zwischen Anzahl der Umdrehungen und zurückgelegter Strecke darstellten. In beiden Fällen handelte es sich um **direkte Proportionen.**

Eine solche Textaufgabe erkennst du daran, dass bestimmte Ausdrücke immer in genau derselben Form verwendet werden.

> **Je mehr** von der einen Sache,
> **desto mehr** von der anderen Sache.
> Oder:
> **Je weniger** von der einen Sache,
> **desto weniger** von der anderen Sache.

Du siehst, dass sich beide Werte in dieselbe Richtung entwickeln. Wird der eine Wert (in unserem Beispiel die Anzahl der Fahrradreifenumdrehungen) größer, dann wird der andere Wert (hier die Entfernung in Metern) auch größer.

Genau wie bei den Proportionen brauchst du **ein** vollständiges **Zahlenpaar** um den Proportionalitätsfaktor ermitteln zu können. Mit ihm berechnest du die fehlende Zahl eines Zahlenpaares.

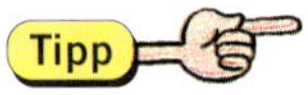

Denke daran: Jedem neuen x-Wert (x_1) wird ein neuer y-Wert (y_1) zugeordnet:

$$\underbrace{x_1}_{\substack{\text{neuer}\\ \text{x-Wert}}} \rightarrow \underbrace{y_1}_{\substack{\text{neuer}\\ \text{y-Wert}}} = \underbrace{x_1}_{\substack{\text{neuer}\\ \text{x-Wert}}} \cdot \underbrace{\frac{y}{x}}_{\substack{\text{bekanntes Zahlenpaar}\\ \text{und Proportionalitätsfaktor}}}$$

Beispiel

Aufgabe:
7,2 kg Farbe reichen aus um 60 m^2 Wand zu streichen.
Wie viel Farbe braucht man nun für 25 m^2?

Du stellst fest:
Je mehr Wandfläche gestrichen werden soll,
desto mehr Farbe wird benötigt.
Je weniger Wandfläche gestrichen werden soll,
desto weniger Farbe wird benötigt.

Es handelt sich um eine Proportionalität, denn wenn dreimal so viel Wandfläche gestrichen werden soll, dann braucht man auch dreimal so viel Farbe. Oder: Wenn $\frac{1}{4}$ so viel Wandfläche zu streichen ist, dann braucht man auch nur $\frac{1}{4}$ von der Farbe. Um die Aufgabe lösen zu können benutzen wir den **Dreisatz** als Lösungsverfahren.

1. Satz

$60\ m^2 \rightarrow 7{,}2\ kg\ Farbe$

Was wir von der Aufgabe wissen

2. Satz

$$1\ m^2 \rightarrow 1\ m^2 \cdot \frac{7{,}2}{60}\frac{kg}{m^2} = \frac{72}{600}\ kg \underset{24}{=} \frac{3}{25}\ kg\ Farbe$$

Berechnung des Wertes für die Einheit: Das ist der **Proportionalitätsfaktor**

3. Satz

$$25\ m^2 \rightarrow 25 \cdot \frac{3}{25}\ kg = 3\ kg\ Farbe$$

Berechnung des Vielfachen

Bei diesem Rechenverfahren musst du dir merken:

- Im ersten Satz steht, was bekannt ist.
- Im zweiten berechnest du den Proportionalitätsfaktor.
- Der Pfeil zeigt auf das, wonach in der Aufgabenstellung gefragt wird. (In diesem Beispiel: die Menge der benötigten Farbe.)

Tipp

Einheiten kannst du kürzen, multiplizieren usw.

Wenn ich die Aufgabenstellung umdrehe, dann dreht sich auch beim Dreisatz die Zuordnung um:

Beispiel

Aufgabe: 7,2 kg Farbe reichen aus um 60 m^2 Wand zu streichen. Wie weit kommt man mit 9,6 kg Farbe?

Du stellst fest:

Je mehr Farbe vorhanden ist,
desto mehr Wandfläche kann bemalt werden.
Je weniger Farbe vorhanden ist,
desto weniger Wandfläche kann bemalt werden.

Was wir von der Aufgabe wissen

1. Satz

7,2 kg → 60 m^2 Fläche

Berechnung des Wertes für die Einheit: Das ist der Proportionalitätsfaktor

2. Satz

$$1\text{ kg} \rightarrow 1\text{ kg} \cdot \frac{60}{7{,}2}\,\frac{\text{m}^2}{\text{kg}} = \frac{600}{72}\,\text{m}^2 \underset{24}{=} \frac{25}{3}\,\text{m}^2 \text{ Fläche}$$

$\frac{25}{3}$ m^2 ist die Flächengröße, die mit einem Kilogramm Farbe gestrichen werden kann.

Berechnung des Vielfachen

3. Satz

$$9{,}6\text{ kg} \rightarrow 9{,}6 \cdot \frac{25}{3}\,\text{m}^2 = \frac{9{,}6 \cdot 25}{3}\,\text{m}^2 = \frac{96 \cdot 25}{30}\,\text{m}^2 \underset{30}{=} 80\text{ m}^2$$

Mit 9,6 kg Farbe kann man 80 m^2 Fläche anstreichen.

Tipp

Aus deinem Schulbuch kennst du es vielleicht so:

$$1\text{ kg} \rightarrow \frac{600}{72}\,\text{m}^2 \underset{24}{=} \frac{25}{3}\,\text{m}^2 \text{ Fläche.}$$

Du erkennst: Hier wird im 2. Satz der erste Rechenschritt einfach übersprungen. Das Ergebnis bleibt aber dasselbe.

Beispiel

Aufgabe: Vier Studenten haben zusammen eine 90 m^2 große Wohnung für 675,00 DM pro Monat gemietet. Die vier Mieter benutzen jeweils 27 m^2, 18 m^2, 22 m^2 und 23 m^2 der Wohnung. (In diesen Flächen sind die gemeinsam genutzten Räume Küche, Flur, Badezimmer schon enthalten.) Wie viel Miete muss jeder zahlen?

Du stellst fest:

Je mehr Quadratmeter jemand bewohnt,
desto mehr Miete muss er bezahlen.
Je weniger Quadratmeter jemand bewohnt,
desto weniger Miete muss er bezahlen.

1. Satz

$90\ m^2 \rightarrow 675{,}00\ DM$

Was wir von der Aufgabe wissen

2. Satz

$1\ m^2 \rightarrow 1\ m^2 \cdot \frac{675}{90} \frac{DM}{m^2} \underset{45}{=} \frac{15}{2}\ DM = 7{,}50\ DM$

Berechnung des Wertes für die Einheit: Das ist der Proportionalitätsfaktor

3. Satz

$27\ m^2 \rightarrow 27 \cdot 7{,}50\ DM = 202{,}50\ DM$

Berechnung des 1. Vielfachen

$18\ m^2 \rightarrow 18 \cdot 7{,}50\ DM = 135{,}00\ DM$

Berechnung des 2. Vielfachen

$22\ m^2 \rightarrow 22 \cdot 7{,}50\ DM = 165{,}00\ DM$

Berechnung des 3. Vielfachen

$23\ m^2 \rightarrow 23 \cdot 7{,}50\ DM = 172{,}50\ DM$

Berechnung des 4. Vielfachen

Wie du siehst, kannst du sehr viele Zahlenpaare berechnen, sobald du den Proportionalitätsfaktor kennst.

Bei Textaufgaben ergibt sich manchmal die Schwierigkeit, dass der Verfasser einer Aufgabe nicht direkt sagt, was berechnet werden soll. Ich werde dir zu Anfang zeigen, wie man die gesuchte Frage findet (**mit einer etwas anderen Schrift, die nicht zur Aufgabe gehört!**).

Übung 14

1. Klaus und Heinz machen eine Radtour. Heute haben sie für die 60 km lange Wegstrecke 5 Stunden gebraucht. Morgen wollen sie 84 km fahren. – **Im zweiten Satz wird eine Fahrtstrecke mit der dazu gehörenden Fahrtzeit in Verbindung gebracht. Im dritten Satz wird nur die Fahrtstrecke bekannt gegeben. Die Frage lautet also: Wie viel Zeit benötigen sie am nächsten Tag?**

2. Walburga und Sigislinde machen eine Tageswanderung über eine Strecke von 36 km. Nach 3 h stellen sie fest, dass sie 15 km zurückgelegt haben. – **Im ersten Satz wird eine Gesamtstrecke bekannt gegeben, im zweiten Satz eine Teilstrecke mit der dazugehörenden Wanderzeit in Verbindung gebracht. Die Frage lautet: Wie lange müssen sie nun noch im gleichen Tempo weitermarschieren?**

3. Herr Bergmann und sein Nachbar kaufen gemeinsam Heizöl. Sie zahlen zusammen 3758,40 DM. Herr Bergmann hat 2040 l, sein Nachbar 2600 l erhalten. **Wie viel muss jeder von ihnen bezahlen?**

4. In einem Monat wurden 15 m^3 Wasser verbraucht, wofür 12,45 DM zu zahlen waren. Im nächsten Monat waren es 17 m^3. – **Was muss gezahlt werden?**

5. Herr Lege hat für 16 m^2 Fliesen 440,00 DM bezahlt. Herr Schulze kauft 9 m^2 Fliesen derselben Sorte.

Ergebnisse

3 h 11 min   4 h 12 min   7   9   14,11   244,52
247,50   1652,40   1798,30   2106

Knifflige Aufgaben

Nun bist du fit für schwierigere Aufgaben. Es gibt Dreisatzaufgaben, in die eine weitere Dreisatzaufgabe eingeschoben wurde. Und bei solchen Aufgaben musst du zuerst diese eingeschobene Dreisatzaufgabe lösen.

Jetzt hast du es geschafft. Prima, dass du so lange durchgehalten hast.

Beispiel

Aufgabe: Auf einem Filmstreifen befinden sich 128 Bilder pro Meter.
Wie lange dauert die Vorführung eines 90 m langen Films, wenn in der Sekunde 24 Bilder (B.) ablaufen?

Hier lässt sich zwar der Proportionalitätsfaktor leicht berechnen, die Frage der Aufgabe kann man aber nicht sofort beantworten.

1. Satz

24 B. $\rightarrow$ 1 Sek.

Was wir von der Aufgabe wissen

2. Satz

$$1\text{ B.} \rightarrow 1\text{ B.} \cdot \frac{1}{24}\,\frac{\text{Sek.}}{\text{B.}} = \frac{1}{24}\text{ Sek.}$$

Berechnung des Wertes für die Einheit: Das ist der Proportionalitätsfaktor

Jetzt könnten wir die Zeit berechnen, wenn wir wüssten, wie viele Bilder sich auf dem Film befinden. Bevor du also mit dem Dreisatz weitermachen kannst, musst du vorher berechnen, wie viele Bilder tatsächlich vorhanden sind. Und das ist die **eingeschobene Dreisatzaufgabe:**

Was wir von der Aufgabe wissen

1. Satz

1 m → 128 Bilder

Berechnung des Wertes für die Einheit: Das ist der Proportionalitätsfaktor

2. Satz

$1 \text{ m} \rightarrow 1 \text{ m} \cdot 128 \frac{\text{B.}}{\text{m}} = 128 \text{ Bilder}$

Hier ist der Proportionalitätsfaktor schon bekannt!

Berechnung des Vielfachen

3. Satz

$90 \text{ m} \rightarrow 90 \cdot 128 \text{ B.} = 11\,520 \text{ Bilder}$

Nun kannst du den ersten Dreisatz (Seite 51) vervollständigen:

3. Satz

$11\,520 \text{ Bilder} \rightarrow 11\,520 \cdot \frac{1}{24} \text{ Sek.} = \frac{11\,520}{24} \text{ Sek.} =$ 24

480 Sek. = 8 Min.

Nun wissen wir, dass ein 90 m langer Film genau 8 Minuten dauert.

Diese Form der verschachtelten Dreisatzaufgaben erfordert – wie du gesehen hast – ein sehr sorgfältiges Vorgehen bei der Berechnung der Einheit. Wenn du an dieser Stelle einen Rechenschritt vergisst, werden alle nachfolgenden Teilergebnisse falsch.

Übung 15

1. Ein Würfel aus Eisenblech mit 25 cm Kantenlänge hat ein Gewicht von 3750 g. Wie viel wiegt ein Würfel aus demselben Blech, der aber nur eine Kantenlänge von 10 cm hat?
Überlege: Wie viele Begrenzungsflächen hat ein Würfel? Damit du dir den Würfel besser vorstellen kannst, habe ich ihn dir als Schrägbild und als aufgeschnittenes Netz gezeichnet. Die Buchstaben bezeichnen jeweils dieselben Begrenzungsflächen: o = oben, v = vorn, r = rechts. Wie groß ist also die gesamte Oberfläche? Was wiegt dann 1 cm² dieses Bleches?

2. Eine Familie mit 7 Personen verbraucht in 4 Monaten 308 kg Kartoffeln. Wie viel Kartoffeln muss unter gleichen Umständen ein Fünf-Personen-Haushalt für 5 Monate einlagern?

3. Drei Mähdrescher haben in 6 Tagen 36 ha Getreide abgeerntet.
   a) Wie viel können 5 Mähdrescher in der gleichen Zeit abernten?
   b) Wie viel leisten 8 Mähdrescher in 3 Tagen?
   c) Was schaffen 2 Mähdrescher in 2 Tagen?

Ergebnisse

2	8	11	12	48	60	275	600	625	3750

Ich gratuliere, dass du so gut vorankommst!

Du hast jetzt den zweiten großen Abschnitt dieses Buches bearbeitet, nämlich die **di**rekten **Pro**portionen.
Nun kannst du zur Seite 8 gehen und den Teil des Kletterbalkens farbig kennzeichnen, der mit «diPro» bezeichnet ist.

Trage die Termine zur Erinnerung auch in einen Kalender ein

Und vergiss nicht am Anfang dieses Kapitels (Seite 32) deine Kontroll-Tabelle auszufüllen. Lege auch gleich einen Termin für die nächste Wiederholung fest.

Jetzt kommt die **Mathematik-Klausur Nr. 2** dran. Du findest sie auf Seite 72. Die Arbeitszeit beträgt eine Schulstunde. Du darfst deine Unterlagen **nicht** benutzen.
Viel Erfolg!

Sobald du fertig bist, vergleiche deine Lösungswege und deine Ergebnisse mit dem Korrekturbogen am Ende des Buches (Seite 85–86). Gib dir Punkte für deine Lösungen. Anschließend kannst du noch deine Zensur ermitteln!

Diese Aufgaben sind für die **1. Wiederholung** vorgesehen. Halt!

Übung

1. Herr Weiß hat für 11 Säcke Zement 107,25 DM bezahlt. Er bestellt nochmals 5 Säcke.

2. 17 Waschbetonplatten wiegen 510 kg. Wie schwer sind 12 Platten derselben Sorte?

3. Auf einem Parkplatz sind schon 11 Reihen besetzt. Anatol zählt 275 Autos. Der Parkplatz hat insgesamt 15 Reihen.

Die nächsten Aufgaben sind für die **2. Wiederholung** vorgesehen. Halt!

Übung

4. Herr Müller musste für 24 Flaschen Wein 116,40 DM bezahlen. Frau Müller kauft 5 Flaschen von derselben Sorte nach.

5. Frau Wackelohr hat im Urlaub für 14 Tage Übernachtung mit Frühstück in einer Pension 459,20 DM bezahlt. Sie bleibt noch 5 zusätzliche Tage.

Ergebnisse

23 24,25 25 30 48,75
164 175 360 375

Auch die sind zu lösen: Umgekehrte Proportionen

ELTERN

Hilfe Für dich zur Kontrolle:

Ich habe das Kapitel «Umgekehrte Proportionen»			
	angefangen (Datum):	beendet (Datum):	erfolgreich bearbeitet (Unterschrift):
zum 1. Mal bearbeitet			
1. Wiederholung			
2. Wiederholung			

Umgekehrte Proportionen tabellarisch dargestellt

Stelle dir vor, jemand möchte von dir ein rechteckiges Brettchen mit einer Flächengröße von 24 cm^2 zugesagt haben.
Die Flächengröße eines Rechtecks wird berechnet, indem man die Länge mit der Breite multipliziert.
In unserem Beispiel soll dieses Produkt aus Länge und Breite den Wert 24 ergeben. Für die Abmessung des Brettchens gibt es mehrere Möglichkeiten:

x = Länge in cm	8	6	1	12
y = Breite in cm	3	4	24	2

Wie du siehst, ergeben die beiden Zahlen einer Spalte immer genau 24, wenn man sie miteinander multipliziert: $x \cdot y = 24$.
Wir haben es also wieder mit Zahlenpaaren zu tun, diesmal allerdings nicht mit quotientengleichen Zahlenpaaren, sondern mit **produktgleichen Zahlenpaaren**. Genauso wie bei den direkten Proportionen werden auch hier zwei Zahlen eindeutig einander zugeordnet. Genauso wie bei den Proportionen kannst du auch hier die fehlende Zahl in einem unvollständigen Paar berechnen, wenn du

Siehe Kapitel «Direkte Proportionen», Seite 32 ff.

1. weißt, wie groß das Produkt sein soll;
2. weißt, wie groß die bekannte Zahl des Paares ist.

x	8	6	1	12	$\frac{1}{4}$		72	
y	3	4	24	2		$\frac{12}{5}$		$\frac{1}{10}$
	↑							

Anhand des ersten Zahlenpaares wissen wir, dass alle weiteren Zahlenpaare den Wert $x \cdot y = 8 \cdot 3 = 24$ haben müssen. In der Tabelle kennen wir von dem ersten unvollständigen Zahlenpaar nur den x-Wert: $x = \frac{1}{4}$

Hilfe

Die Division von Brüchen findest du auf Seite 21.

Du musst nun herausfinden, wie groß y ist. Es gilt: $\frac{1}{4} \cdot y = 24$
y gibt an, wie oft die Zahl $\frac{1}{4}$ in 24 enthalten ist.
Wenn du wissen willst, wie oft ein Wert in einem anderen enthalten ist, musst du teilen. Hier bei unserer Beispielaufgabe ergibt sich: $y = \frac{24}{\frac{1}{4}} = 24 \cdot \frac{4}{1} = \frac{96}{1} = 96$

Der x-Wert wird berechnet durch $x = \frac{24}{y}$

(Weil wir für x den Wert $\frac{1}{4}$ eingesetzt haben, kann der y-Wert berechnet werden durch: $y = \frac{24}{x}$)
Trage den berechneten Wert in die Tabelle ein.

Für umgekehrte Proportionen gilt:

$$\text{neuer } y_1\text{-Wert} = \frac{1}{\text{neuer } x_1 \text{ - Wert}} \cdot \underbrace{\text{Produkt aus bekanntem Zahlenpaar } (= x \cdot y)}_{\text{Proportionalitätsfaktor}}$$

Übung 16

Berechne die noch fehlenden Zahlen und trage sie in die Tabelle ein.

HALT! Schreibe die Aufgabe ab, schließe das Buch, rechne selber!

Ergebnisse

$\frac{1}{5}$	$\frac{1}{3}$	10	84	240

Du erkennst, auch hier gibt es bestimmte Gesetzmäßigkeiten:

Wird der x-Wert größer (als 8 beispielsweise),
dann ist der y-Wert kleiner (als 3 beispielsweise).
Wird der x-Wert kleiner (als 8 beispielsweise),
dann ist der y-Wert größer (als 3 beispielsweise).

Du kannst auch reziproke Zuordnung oder Antiproportion dazu sagen.

Wegen dieser Gesetzmäßigkeit spricht man bei produktgleichen Zahlenpaaren auch von **umgekehrten Proportionen**.

Umgekehrte Proportionen graphisch dargestellt

Blättere zurück auf Seite 43.

Wir betrachten einige Zahlenpaare von Seite 57 als Koordinaten von Punkten und tragen sie in ein Koordinatensystem ein.

Du erinnerst dich: Bei den direkten Proportionen haben wir den Zusammenhang zwischen den Zahlenpaaren graphisch darstellen können.

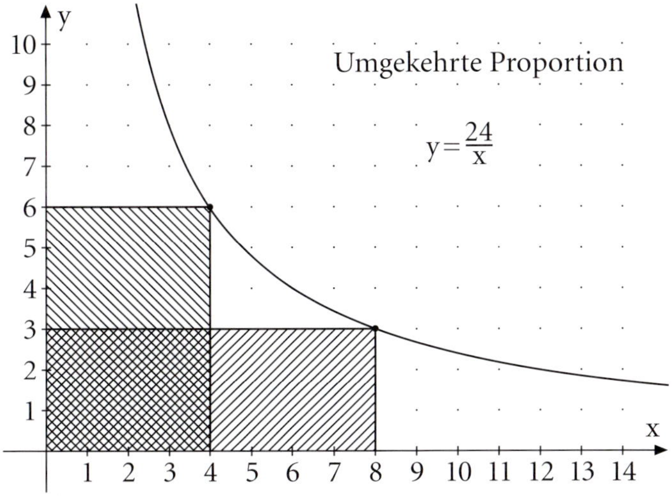

Du siehst, es ergibt sich **keine** Gerade als Graph der Zuordnung, sondern diesmal eine gekrümmte Linie. Wenn du sehr viele Zahlenpaare berechnet hast, sieht die Kurve so ähnlich aus wie in der oben stehenden Skizze.
Eine solche Kurve heißt **Hyperbel**. Sie ist der Nachweis, dass eine **umgekehrte Proportionalität** vorliegt.

In der Zeichnung findest du auch unsere Brettchen wieder. Die Eckpunkte aller möglichen Rechtecke liegen nämlich auf der Kurve. Zwei von ihnen habe ich dir kenntlich gemacht ($4 \cdot 6 = 24$ und $3 \cdot 8 = 24$).

Nun wirst du sicherlich nicht immer Brettchen zurechtsägen wollen. Deshalb ein anderes Beispiel, das du bestimmt in dieser Form auch schon erlebt hast:

Beispiel

Aus deiner Sandkasten- und Spielplatzzeit weißt du sicher, was eine Wippe ist. Zwei etwa gleich schwere Kinder konnten damit stundenlang schaukeln.
Wenn eines der beiden allerdings schwerer war, dann musste es möglichst zur Mitte hinrutschen, damit es nicht immer unten saß und das Leichtgewicht oben «verhungerte».

Die Wirkung des Gewichts hängt also nicht nur von dessen Größe ab, sondern auch von der Länge des Balkens, auf dem man gerade sitzt.

**Wird das Gewicht größer,
dann kann die Balkenlänge kleiner werden.
Wird das Gewicht kleiner,
dann muss die Balkenlänge größer werden.**

Wir haben es bei unserer Wippe mit **umgekehrten Proportionen** zu tun.
Hier lässt sich der Gleichgewichtszustand genauso durch **produktgleiche Zahlenpaare** beschreiben, wie du sie bei der Brettchenaufgabe kennen gelernt hast.

Beispiel

Hier siehst du eine ideale Situation: Die Wippe ist im Gleichgewicht. Damit kann keiner den anderen «verhungern» lassen.

$1{,}6\ \text{m} \cdot 60\ \text{kg} = 2{,}4\ \text{m} \cdot 40\ \text{kg}$
$96\ \text{m} \cdot \text{kg} = 96\ \text{m} \cdot \text{kg}$

In der Schule heißt dieses Rezept gegen unfaires Spielen

Hebelgesetz

Ein drehbar gelagerter Hebel befindet sich im Gleichgewicht, wenn gilt:

1. Gewicht (G_1) mal dazu gehörende Balkenlänge =
2. Gewicht (G_2) mal dazu gehörende Balkenlänge

Als Gleichung: $G_1 \cdot \text{Balkenlänge}_1 = G_2 \cdot \text{Balkenlänge}_2$

Merke dir dieses Gesetz gut, es wird dir demnächst im Physikunterricht wieder begegnen.

Tipp

Textaufgaben mit umgekehrtem Dreisatz

Auch für die umgekehrten Proportionen gibt es **Textaufgaben**. Und genauso wie bei der direkten Proportion gibt es auch einen **Dreisatz**, mit dem du diese Aufgaben lösen kannst.

Woran du die direkte Proportionalität erkennen kannst, haben wir schon herausgefunden.

Vergleiche Seite 46.

Von einer umgekehrten Proportionalität sprechen wir, wenn die folgenden Ausdrücke benutzt werden.

Je mehr von der einen Sache,
desto weniger von der anderen Sache.
Oder:
Je weniger von der einen Sache,
desto mehr von der anderen Sache.

Die Brettchenaufgabe von Seite 57 ist ein Beispiel für **umgekehrte Proportionalität**. Beide Werte entwickeln sich in «entgegengesetzte» Richtung: Wird der eine Wert größer, dann wird der andere Wert kleiner.

Länge in cm	8	6	1	12	24
Breite in cm	3	4	24	2	1

An zwei Stellen ist der eine Wert gerade 1; dann muss der andere Wert genau so groß sein wie das ganze Produkt, hier also 24. Genau wie bei den direkten Proportionen brauchst du **ein** vollständiges Zahlenpaar. Mit diesem Zahlenpaar kannst du den Wert des Produktes berechnen. Wenn du den kennst, kannst du jedes weitere Zahlenpaar berechnen, falls von diesem neuen Zahlenpaar wenigstens ein Wert bekannt ist.

Beispiel

Aufgabe:
8 Maurer errichten in 15 Tagen den Rohbau eines Einfamilienhauses. Wie lange würden 12 Maurer dafür benötigen?

Du stellst fest:
Je mehr Maurer arbeiten, **desto weniger** Zeit brauchen sie;
oder:
Je weniger Maurer arbeiten, **desto mehr** Zeit brauchen sie.

Es handelt sich um eine umgekehrte Proportionalität, denn wenn dreimal so viele Maurer arbeiten würden, dann brauchten sie auch nur ein Drittel der Zeit.
Um die Aufgabe zu lösen benutzen wir den Dreisatz:

1. Satz
8 Maurer $\rightarrow$ 15 Tage

Was wir von der Aufgabe wissen

2. Satz
1 Maurer $\rightarrow \dfrac{1}{1 \text{ Maurer}} \cdot 8 \cdot 15 \text{ Maurer} \cdot \text{Tage} = 120 \text{ Tage}$

Berechnung des Wertes für die Einheit: Das ist der Proportionalitätsfaktor

3. Satz
12 Maurer $\rightarrow \dfrac{120 \text{ Tage}}{12} = 10 \text{ Tage}$

$\left(\text{Statt } \dfrac{1}{12} \cdot 120 \text{ Tage kann ich auch schreiben: } \dfrac{120}{12} \text{ Tage}\right)$

Berechnung des Vielfachen

Hinweis

Wahrscheinlich wird in deinem Schulbuch auch hier der erste Rechenschritt im 2. Satz übersprungen. Das Ergebnis bleibt aber dasselbe. (Vergleiche S. 48.)

Bei diesem Rechenverfahren musst du dir merken:
- Im ersten Satz der Aufgabe steht, was bekannt ist.
- Im zweiten Satz berechnest du den Wert des Produktes.
- Der Pfeil zeigt auf das, wonach in der Aufgabenstellung gefragt wird. (Hier ist es die Anzahl der Arbeitstage.)

Wenn ich die Aufgabenstellung umdrehe, dann dreht sich auch die Zuordnung um.

Beispiel

Aufgabe:
8 Maurer errichten in 15 Tagen den Rohbau eines Einfamilienhauses. Wie viele Maurer braucht man, wenn der Rohbau in 20 Tagen fertig sein soll?

Du stellst fest: **Je mehr** Zeit vorhanden ist, **desto weniger** Maurer braucht man;
oder: **Je weniger** Zeit vorhanden ist, **desto mehr** Maurer müssen arbeiten.

Was wir von der Aufgabe wissen

1. Satz
15 Tage → 8 Maurer

Berechnung des Wertes für die Einheit: Das ist der Proportionalitätsfaktor

2. Satz
$$1 \text{ Tag} \rightarrow \frac{1}{1 \text{ Tag}} \cdot 15 \cdot 8 \text{ Tage} \cdot \text{Maurer} = 120 \text{ Maurer}$$

Berechnung des Vielfachen

3. Satz
$$20 \text{ Tage} \rightarrow \frac{120 \text{ Maurer}}{20} = 6 \text{ Maurer}$$

Beispiel

Aufgabe:
Karlchen Schmitz plant eine 14-tägige Reise und will pro Tag höchstens 72,– DM ausgeben. Bei seinen Reisevorbereitungen stellt er aber fest, dass er noch 4 Tage länger bleiben muss. Nur: Mehr Geld hat er nicht. Wie viel darf er nun höchstens pro Tag ausgeben?

Übung 17

Berechne die Aufgabe.

HALT! Schreibe die Aufgabe ab, schließe das Buch, rechne selber!

Ergebnisse

52 56 65

Und nun für dich zur Kontrolle:

1. Satz
14 Tage → 72,00 DM pro Tag

Was wir von der Aufgabe wissen

2. Satz
$$1\ \text{Tag} \rightarrow \frac{1}{1\ \text{Tag}} \cdot 14 \cdot 72\ \text{Tage} \cdot \text{DM} = 14 \cdot 72\ \text{DM}$$

Berechnung des Wertes für die Einheit: Das ist der Proportionalitätsfaktor

3. Satz
$$18\ \text{Tage} \rightarrow \frac{14 \cdot 72 \cdot \text{DM}}{18} = 56{,}00\ \text{DM}$$

Berechnung des Vielfachen

Übung 18

1. Um einen Autobahnabschnitt zu reparieren brauchen 20 Arbeiter 30 Tage.
   a) Wie viele Arbeiter müssen eingesetzt werden, damit die Reparatur in 24 Tagen abgeschlossen werden kann?
   b) Wie lange brauchen 15 Arbeiter für die Reparatur?

2. Für die Klassenfahrt soll jeder der 26 Schüler einer Klasse 239,20 DM bezahlen. 3 Schüler werden krank und können nicht mitfahren. Die Kosten werden auf die übrigen Schüler verteilt. Wie viel muss nun jeder bezahlen?

3. 5 Planierraupen benötigen zum Einebnen eines Geländes 24 Stunden.
   a) Mit wie viel Stunden kann man rechnen, wenn 4 Planierraupen zur Verfügung stehen?
   b) Die Arbeit soll in 8 Stunden erledigt sein. Wie viele Planierraupen werden gebraucht?

4. Die Fläche eines Neubaugebietes wird an 36 Bauherren gleichmäßig verteilt. Jeder erhält ein Grundstück von 640 m^2 Größe.
   a) Die Zahl der Bauherren soll auf 40 erhöht werden. Wie groß ist nun jedes Grundstück?
   b) Nach einem anderen Plan soll jeder Bauherr ein Grundstück von 720 m^2 Größe erhalten. An wie viele Bauherren könnte jetzt das Land verteilt werden?

5. 4 Lkw transportieren einen Schuttberg ab. Jeder Lkw muss 36-mal fahren.
   a) Wie viele Fahrten müsste jeder Wagen durchführen, wenn 8 Lkw zur Verfügung stünden?
   b) Jeder Wagen soll höchstens 12-mal fahren. Wie viele Wagen sind dann erforderlich?

Ergebnisse

9 12 15 18 22 25 30
32 40 60 270,40 576

Du hast jetzt den dritten großen Abschnitt dieses Buches bearbeitet, nämlich die **u**mgekehrte **Pro**portion. Nun kannst du zu Seite 8 gehen und den Teil des Kletterbalkens farbig kennzeichnen, der mit «uPro» bezeichnet ist. Und vergiss nicht am Anfang dieses Kapitels (Seite 56) deine Kontroll-Tabelle auszufüllen. Lege auch gleich einen Termin für die nächste Wiederholung fest.

Ich gratuliere, dass du so gut vorankommst!

Trage die Termine zur Erinnerung auch in einen Kalender ein.

Jetzt kommt die **Mathematik-Klausur Nr. 3** (Seite 73) dran. Die Arbeitszeit beträgt eine Schulstunde. Du darfst deine Unterlagen **nicht** benutzen. Sobald du fertig bist, vergleiche deine Lösungswege und deine Ergebnisse mit dem Korrekturbogen am Ende des Buches (Seite 87–88). Gib dir Punkte für deine Lösungen und ermittle deine Zensur.

Die folgende Aufgabe ist für die **1. Wiederholung** vorgesehen.

Halt!

Übung

1. Ein Frachtschiff kann einen Trinkwasservorrat mitnehmen, der für 15 Personen 48 Tage reicht.
   a) Eine Reise dauert nur 40 Tage. Wie viele Personen können zusätzlich mitgenommen werden?
   b) Die Besatzung wird von 15 auf 12 Mann verringert. Wie viele Tage kann das Schiff jetzt unterwegs sein?

Die nächste Aufgabe ist für die **2. Wiederholung** vorgesehen.

Halt!

Übung

2. Ein Hausbesitzer hat seine Ölheizung so eingestellt, dass sie täglich zwölf Stunden in Betrieb ist. Er weiß, dass sein Ölvorrat dann 5 Monate reicht.
   a) Er beschließt, die Heizung täglich 15 Stunden laufen zu lassen. Wie lange reicht nun sein Vorrat?
   b) Das Öl soll 6 Monate reichen. Wie lange darf dann die Heizung täglich in Betrieb sein?

Tipp

Zur Vereinfachung tun wir einfach so, als ob jeder Monat 30 Tage hat.

Ergebnisse

3	4	10	18	21	60	120	600

Eine gute Vorbereitung: Klassenarbeiten zum Üben

Klassenarbeiten (Klausuren) sollen dir und deinem Lehrer zeigen, wie gut du den Lernstoff beherrschst. Normalerweise wird dazu der Stoff der vergangenen Unterrichtsstunden abgefragt. Dann musst du alle Aufgabentypen selbständig bearbeiten, auch unter Zeitdruck und ohne Hilfe durch Lehrer, Nachbar oder Spickzettel. Hier einige Tipps, die dir helfen bessere Klassenarbeiten zu schreiben:

Nicht gleich anfangen! Wenn der Aufgabenzettel ausgeteilt ist, solltest du auf keinen Fall sofort zu arbeiten beginnen, sonst gehen dir vielleicht wichtige mündliche Hinweise verloren, die der Lehrer gibt. Solche Hinweise schreibst du nicht auf irgendeinen Zettel, sondern gleich auf das Aufgabenblatt.

Alles durchlesen! Lies die Aufgabenstellung sorgfältig Wort für Wort durch und markiere mit dem Farbstift wichtige Stellen des Arbeitsauftrages. Bei jeder Aufgabe solltest du genau überlegen: Was ist gegeben – was ist verlangt?

Einfälle sofort stichwortartig notieren! Was dir bereits beim Lesen zur Aufgabenlösung einfällt, notiere gleich auf dem Blatt neben der Aufgabe – und zwar leserlich.

Die Zeit einteilen! Teile die Zeit entsprechend der Anzahl der Aufgaben ein. Solltest du innerhalb der geplanten Zeit die Aufgabe nicht lösen können, fange mit der nächsten an.

Vom Leichten zum Schweren! Bearbeite erst die Aufgaben, die du auf Anhieb lösen kannst; dann legt sich auch deine Aufregung.

Genau abschreiben! Wenn du z. B. eine Gleichung hastig in dein Heft überträgst, passieren leicht Abschreibfehler. Dann ist kein richtiges Ergebnis mehr möglich.

Eine Probe machen! Das fertige Ergebnis solltest du noch einmal überprüfen. Vergleiche deine Lösung mit der Fragestellung der Aufgabe. Stellst du dabei fest, dass Wesentliches fehlt oder falsch ist, kannst du wenigstens noch kurz angeben, wie die Lösung aussehen könnte. Falsches streichst du durch.

Wenn in der Schule eine Arbeit ansteht, überprüfst du am Abend vorher noch einmal, ob alles vorhanden ist, was für die Arbeit gebraucht wird, und ob die Materialien in Ordnung sind.

Bei den Klassenarbeiten in diesem Band steht die Bearbeitungszeit unter den Aufgaben. Arbeite nicht länger, damit du eine realistische Einschätzung deines Arbeitstempos bekommst. Wenn die angegebene Arbeitszeit um ist, nimmst du einen roten Stift und siehst deine Klausur selbst nach. Für die Kontrolle findest du am Ende des Buches (Seite 83 ff.) Lösungsbögen mit den Bewertungspunkten pro Aufgabe und der Zensurenberechnung für jede Klausur.
Solltest du bei der Kontrolle feststellen, dass du bei einer Aufgabe einen Fehler gemacht hast, dann musst du von der Höchstpunktzahl der Aufgabe 2 Punkte abziehen. Nun stimmen selbstverständlich alle weiteren Ergebnisse in dieser Aufgabe nicht mehr. Wenn du dann keinen weiteren Fehler gemacht hast, also mit der falschen Zahl **richtig** weitergerechnet hast, dann bleibt es bei diesem einmaligen Punktabzug. Wenn allerdings weitere Fehler hinzukommen, die nichts mit dem ersten Fehler zu tun haben, dann musst du wieder jeweils 2 Punkte abziehen. Je nach Umfang der Aufgabe gebe ich meistens nach drei solchen «unabhängigen» Fehlern 0 Punkte für die gesamte Aufgabe.
Wenn du auf Anhieb jetzt schon eine 3 geschafft hast: Donnerwetter! Gut gearbeitet!
Solltest du mit deiner Zensur noch nicht zufrieden sein, sieh dir genau an, **was** du falsch gemacht hast, und kreuze in der Fehlertabelle (Seite 70) deine Fehler an.
Gleichzeitig findest du unter der Höchstpunktzahl einen Verweis, wo du in diesem Buch eine Erklärung zu der Aufgabe finden

kannst. Lies dir danach noch einmal den entsprechenden Text durch.
Die Mathematik-Klausuren sind für dich eine Möglichkeit zur Überprüfung des eigenen Könnens. Vergleiche deshalb deine Ergebnisse und Lösungswege erst, wenn die vorgesehene Bearbeitungszeit um ist.
Vielleicht machst du am Anfang Fehler. Aus meiner Arbeit in der Schule weiß ich, dass es bestimmte Fehlertypen gibt, die häufig auftreten. Sieh dir also deine Arbeit daraufhin an, ob die nachfolgenden Fehler auftauchen. Kreuze an, was zutrifft. Versuche diese Fehler bei der nächsten Arbeit zu vermeiden.
Deinen Erfolg kannst du direkt ablesen: In der letzten Spalte (Mathe-Klausur Nr. 3) sind dann deutlich weniger Fehler angekreuzt.

Fehlerart	**Klausur Nr. 1**	**Klausur Nr. 2**	**Klausur Nr. 3**
1. Nicht verstanden, was eigentlich berechnet werden sollte			
2. Zahlen falsch abgeschrieben			
3. Größen falsch umgerechnet (cm in m, g in kg, Pfg in DM usw.)			
4. Additionsfehler			
5. Multiplikationsfehler			
6. Falscher Hauptnenner			
7. Brüche falsch erweitert			
8. Brüche falsch gekürzt			
9. PvS zwischen Zahlen nicht beachtet			
10. PvS zwischen Klammern nicht beachtet			

Nun folgen drei Klassenarbeiten, die sich im Unterricht bereits bewährt haben. An ihnen kannst du deine Kenntnisse und Fertigkeiten überprüfen, vor allem aber auch schon einmal für die Stunde X trainieren, in der deine Lehrerin oder dein Lehrer sagt: «Und jetzt schreiben wir die Klassenarbeit!»

Mathematik-Klausur Nr. 1

Name: **Klasse:** **Datum:**

. . . .

Arbeitszeit: 1 Schulstunde; Hilfsmittel: keine

1. Berechne:

a) $\frac{1}{5}\cdot\frac{2}{7}\cdot\frac{14}{3}+\frac{3}{8}\cdot\frac{4}{5}\cdot\frac{5}{9}-\frac{1}{2}\cdot\frac{1}{3}\cdot\frac{4}{5}-\frac{2}{9}\cdot\frac{1}{2}\cdot\frac{1}{5}=?$ **8 Punkte**

b) $\left[\left[\left(\frac{5}{6}-\frac{1}{2}\right)\cdot\left(\frac{1}{3}-\frac{11}{60}\right)\cdot\frac{5}{6}+1\right]\cdot\frac{8}{25}+\frac{11}{15}\right]\cdot\frac{45}{8}=?$ **9 Punkte**

c) $\left\{\left[\frac{3}{2}\cdot\frac{5}{6}\right]-\left[\frac{3}{8}\cdot\frac{2}{3}\right]\right\}:\left\{\left[\frac{2}{3}\cdot\frac{3}{5}\right]-\left[\frac{7}{12}\cdot\frac{9}{14}\right]\right\}=?$ **7 Punkte**

d) $\left(\frac{44}{75}:\left(\frac{9}{5}-\frac{1}{3}\right)\right):\left(\left(\frac{32}{15}+\frac{14}{12}\right)\cdot\left(\frac{3}{5}-\frac{1}{4}\right)+\left(\frac{6}{20}+\frac{209}{200}\right)\right)=?$ **8 Punkte**

2. Ein reicher Wüstenbewohner besaß 23 wertvolle Rennkamele. Im Falle seines Todes sollte sein erster Sohn die Hälfte, sein zweiter Sohn ein Viertel, der dritte ein Sechstel und sein treuer Diener ein Vierundzwanzigstel der Rennkamelherde bekommen. Nach dem Tode des reichen Mannes saßen die vier im Sand und waren sehr traurig, dass sie den letzten Wunsch des Verstorbenen nicht erfüllen konnten. Kannst du ihnen helfen? **8 Punkte**

Zähl doch einmal die Bruchteile des Erbes zusammen! **Tipp**

Mathematik-Klausur Nr. 2

Arbeitszeit: 1 Schulstunde; Hilfsmittel: keine

Name: Klasse: Datum:

. . . .

1. Berechne die folgenden Bruchterme:

10 Punkte a) $\left[\left(\left(\frac{4}{3}-\frac{5}{6}\right)\cdot\frac{2}{3}-\frac{4}{18}\right):\left(\frac{5}{56}+\frac{2}{7}\right)\right]\cdot\frac{7}{8}+\frac{20}{27}=?$

10 Punkte b) $\left[\left(\left(\frac{4}{3}+\frac{1}{6}\right)\cdot\frac{2}{3}-\frac{4}{18}\right):\left(\frac{5}{56}+\frac{2}{7}\right)\right]\cdot\frac{9}{8}+\frac{2}{3}=?$

2. Von einer proportionalen Zuordnung ist **ein** Zahlenpaar bekannt.

3 Punkte a) Schreibe die folgende Tabelle in dein Heft. Wähle aus diesen neun x-Werten fünf aus:

$\frac{3}{4}$, $\frac{3}{2}$, 3, $\frac{7}{2}$, $\frac{9}{2}$, 5, 7, $\frac{33}{4}$ (= 8,25), 9

Übertrage sie in die Tabelle. Berechne die y-Werte.

x	6	1						
y	8		1					

9 Punkte b) Ein Zahlenpaar stellt einen Punkt im Koordinatensystem (Achsenkreuz, Quadratgitter – das ist alles dasselbe!) dar. Zeichne den vollständigen Graphen der Zuordnung aus 2a) in ein Achsenkreuz mit 1 Längeneinheit (LE) ≙ 1 cm.

5 Punkte **3.** Herr Schrottkopf tankt 7,5 l Benzin und zahlt 11,25 DM. Herr Dummnuss tankt 12,5 l. Wie viel zahlt Herr Dummnuss?

6 Punkte **4.** In einer Großküche werden in 14 Tagen 840 kg Kartoffeln verbraucht. Wie lange reicht bei solchem Verbrauch ein Vorrat von 540 kg Kartoffeln?

Mathematik-Klausur Nr. 3

Name: . . . . Klasse: Datum:

Arbeitszeit: 1 Schulstunde; Hilfsmittel: keine

1. Bekannt sind die Punkte A (5/2) und B (7,5/3). Zeichne ein Koordinatensystem mit 1 Längeneinheit ≙ 1 cm (≙ Quadratgitter) und mit $x \leq 8$ und $y \leq 5$ und trage A und B ein. (Das Zeichen ≤ bedeutet «kleiner oder gleich», d. h., der Gleichheitsfall gehört noch dazu.)
   a) Stelle eine Tabelle auf, trage die x- und y-Werte der Punkte ein und überprüfe, ob es sich um quotientengleiche Zahlenpaare handelt. **3 Punkte**
   b) Ergänze die Tabelle für die x-Werte 1; 2; 4; 6. Trage die Punkte in die Zeichnung ein. Erläutere schriftlich (und in ganzen Sätzen!), woran man bei der Zeichnung erkennen kann, dass eine direkte Proportion vorliegt. **9 Punkte**

2. Ein Fuhrunternehmer soll 240 m^3 Erde abtransportieren. Mit 18 Fuhren hat er 144 m^3 Erde abgefahren. Wie viele Fuhren werden für den Rest noch gebraucht? **5 Punkte**

Achtung: Die Aufgaben 2–5 mit dem Dreisatz lösen.

3. Mit 8,4 l Benzin fährt ein Pkw 100 km weit. Wie weit fährt der Pkw mit einer Tankfüllung von 54,6 l? **5 Punkte**

4. Eine Familie mit 4 Personen verbraucht in 7 Monaten 336 kg Kartoffeln. Wie viel Kartoffeln muss unter gleichen Umständen ein Fünf-Personen-Haushalt für 5 Monate einlagern? **6 Punkte**

5. An einer Straße werden 2626 Bäume im Abstand von 9 m gepflanzt.
   a) Wie viele Bäume braucht man für dieselbe Straße bei einem Pflanzabstand von 5,4 m? **5 Punkte**
   b) Wie groß ist der Pflanzabstand, wenn man an derselben Straße 1576 Bäume anpflanzt? **4 Punkte**

Zum Vergleichen: Die Lösungen

Sieh erst bei den Lösungen nach, wenn du auch nach dem zweiten Anlauf keinen Lösungsweg gefunden hast. Und schlage nur bei der Aufgabe nach, die du gerade nicht knacken konntest.

Die Ergebnisse der einzelnen Aufgaben sind dir ja schon bekannt. Hier findest du den kompletten Lösungs**weg** (manchmal geringfügig gekürzt), damit du deine eigenen Rechenwege mit meinen vergleichen kannst.

Seite 18 **Lösungswege von Übung 1**

a) $\frac{11}{9} + \frac{7}{3} - \frac{1}{3} + \frac{16}{9} = \frac{11 + 21 - 3 + 16}{9} = \frac{45}{9} = 5$

Hier besser die Brüche nach den einzelnen Nennern sortieren.

b) $\frac{1}{2} + \frac{5}{4} - \frac{2}{5} + \frac{3}{4} - \frac{11}{5} + \frac{13}{5} + \frac{17}{10} + \frac{3}{10} = ?$

$\frac{1}{2} + \frac{5}{4} + \frac{3}{4} + \frac{13}{5} - \frac{2}{5} - \frac{11}{5} + \frac{17}{10} + \frac{3}{10} = ?$

$\frac{10}{4} \quad + \quad 0 \quad + \quad \frac{20}{10} \quad = \frac{5}{2} + 2 = \frac{9}{2} = 4\frac{1}{2}$

c) $\frac{5}{6} - \frac{5}{12} + \frac{2}{3} - \frac{5}{18} + \frac{7}{36} = ?$

$\frac{30 - 15 + 24 - 10 + 7}{36} = \frac{36}{36} = 1$

d) $\frac{1}{2} + \frac{5}{6} - \frac{2}{5} + \frac{3}{4} - \frac{11}{12} + \frac{13}{15} + \frac{7}{10} + \frac{3}{20} + \frac{31}{60} = ?$

$\frac{60 + 100 - 48 + 90 - 110 + 104 + 84 + 18 + 62}{120} = \frac{360}{120} = 3$

Seite 20 **Lösungswege von Übung 2**

Du kannst durch Streichen entsprechender Faktoren kürzen. Die Zahlen, durch die gekürzt werden kann, stehen meistens untereinander (oder unter dem Gleichheitszeichen).

a) $\frac{1}{5} \cdot \frac{1}{3} \cdot \frac{5}{6} = \frac{5 \cdot 1 \cdot 1}{5 \cdot 3 \cdot 6} \underset{5}{=} \frac{1}{18}$

b) $\frac{1}{2} \cdot \frac{3}{5} \cdot \frac{5}{6} = \frac{5 \cdot 1 \cdot 3}{5 \cdot 2 \cdot 6} \underset{5 \cdot 3}{=} \frac{1}{4}$

c) $\frac{1}{24} \cdot \frac{5}{6} \cdot \frac{4}{5} = \frac{4 \cdot 1 \cdot 5}{24 \cdot 6 \cdot 5} \underset{4 \cdot 5}{=} \frac{1}{36}$

d) $\frac{1}{26} \cdot \frac{5}{4} \cdot \frac{2}{51} \cdot \frac{3}{4} \cdot \frac{11}{5} \cdot \frac{13}{5} \cdot \frac{17}{10} \cdot \frac{3}{11} = ?$

$\frac{13 \cdot 17 \cdot 11 \cdot 5 \cdot 3 \cdot 3 \cdot 2 \cdot 1}{26 \cdot 51 \cdot 11 \cdot 5 \cdot 5 \cdot 10 \cdot 4 \cdot 4} \underset{13 \cdot 17 \cdot 11 \cdot 5 \cdot 3 \cdot 2}{=} \frac{3}{800}$

Seite 21 **Lösungen von Übung 3**

$\frac{5}{11}$, $\frac{9}{2}$, 15, $\frac{8}{5}$, 19, $\frac{4}{3}$

Lösungswege von Übung 4

Seite 23

a) $\frac{9}{2} : \frac{3}{4} = \frac{9}{2} \cdot \frac{4}{3} = \frac{9 \cdot 4}{2 \cdot 3} = \frac{6}{1} = 6$

«Über Kreuz» kürzen!

b) $\frac{11}{17} : \frac{55}{51} = \frac{11}{17} \cdot \frac{51}{55} = \frac{11 \cdot 51}{17 \cdot 55} = \frac{3}{5}$

c) $\frac{27}{35} : \frac{63}{77} = \frac{\overset{3}{\cancel{27}} \cdot \overset{11}{\cancel{77}}}{\underset{5}{\cancel{35}} \cdot \underset{7}{\cancel{63}}} = \frac{33}{35}$

d) $\frac{5}{6} : \frac{15}{16} = \frac{5 \cdot 16}{6 \cdot 15} \underset{10}{=} \frac{8}{9}$

Lösungswege von Übung 5

Seite 28

a) $\frac{3}{5} \cdot \frac{1}{4} + \frac{7}{10} \cdot \frac{1}{2} = \frac{3}{20} + \frac{7}{20} = \frac{10}{20} = \frac{1}{2}$

PvS beachten!

b) $3 \cdot \left[5 - \frac{3}{4} \cdot \frac{4}{3}\right] = 3 \cdot [5 - 1] = 3 \cdot 4 = 12$

c) $\frac{1}{5} \cdot \frac{1}{3} \cdot \frac{5}{6} + \frac{1}{2} \cdot \frac{3}{5} \cdot \frac{5}{6} + \frac{1}{24} \cdot \frac{5}{6} \cdot \frac{4}{5} = ?$

PvS beachten!

$\frac{1}{18} + \frac{1}{4} + \frac{1}{36} = \frac{2 + 9 + 1}{36} = \frac{12}{36} = \frac{1}{3}$

d) $\left[\frac{3}{5} \cdot \frac{1}{3} + \frac{2}{5} \cdot \frac{5}{8}\right] \cdot \left[\frac{5}{12} \cdot \frac{8}{15} - \frac{2}{3} \cdot \frac{37}{120}\right] = ?$

PvS innerhalb der Klammern beachten!

$\left[\frac{1}{5} + \frac{1}{4}\right] \cdot \left[\frac{2}{9} - \frac{37}{180}\right] = \frac{9}{20} \cdot \frac{3}{180} = \frac{3}{400}$

Lösungswege von Übung 6

Seite 30

a) $\frac{1}{3} \cdot \frac{1}{4} \cdot \frac{1}{5} + \frac{1}{6} \cdot \frac{1}{2} \cdot \frac{1}{5} + \frac{1}{2} \cdot \frac{1}{8} \cdot \frac{1}{6} + \frac{1}{3} \cdot \frac{1}{2} \cdot \frac{1}{4} + \frac{1}{12} \cdot \frac{1}{8} \cdot \frac{1}{5} = ?$

PvS beachten!

$\frac{1}{60} + \frac{1}{60} + \frac{1}{96} + \frac{1}{24} + \frac{1}{480} = ?$

$= \frac{8 + 8 + 5 + 20 + 1}{480} = \frac{7}{80}$

b) $\left(\frac{5}{6} \cdot \frac{1}{2} + \frac{3}{8} \cdot \frac{1}{3}\right) : \left(\frac{3}{4} \cdot \frac{5}{6} - \frac{17}{16} \cdot \frac{1}{3}\right) = ?$

PvS innerhalb der Klammern beachten!

$\left(\frac{5}{12} + \frac{1}{8}\right) : \left(\frac{5}{8} - \frac{17}{48}\right) = ?$

Division beachten.

$\left(\frac{13}{24}\right) : \left(\frac{13}{48}\right) = \frac{13}{24} \cdot \frac{48}{13} = \frac{2}{1} = 2$

c) $\left(\left(\frac{6}{5} \cdot \frac{3}{4} + \frac{4}{3} \cdot \frac{1}{2}\right) \cdot \left(\frac{9}{14} \cdot \frac{7}{18} + \frac{9}{20} \cdot \frac{5}{9}\right)\right) : \frac{47}{90} = ?$

PvS innerhalb der Klammern beachten!

$\left(\left(\frac{18}{20} + \frac{2}{3}\right) \cdot \left(\frac{1}{4} + \frac{1}{4}\right)\right) \cdot \frac{90}{47} = ?$

Division beachten.

$\left(\frac{47}{30} \cdot \frac{1}{2}\right) \cdot \frac{90}{47} = ?$

$\frac{47}{60} \cdot \frac{90}{47} = \frac{90}{60} = \frac{3}{2} = 1\frac{1}{2}$

Denke daran, dass du bei solch umfangreichen Termen die Hauptrechenzeichen und das Gleichheitszeichen untereinander schreibst.

d) $$\left[\left[\left(\frac{3}{8}+\frac{1}{4}\right)\cdot\left(\frac{11}{15}-\frac{11}{60}\right)\cdot\frac{5}{11}+\frac{7}{8}\right]\cdot\frac{8}{33}+\frac{11}{15}\right]\cdot\frac{120}{59}=?$$

$$\left[\left[\left(\frac{5}{8}\right)\cdot\left(\frac{11}{20}\right)\cdot\frac{5}{11}+\frac{7}{8}\right]\cdot\frac{8}{33}+\frac{11}{15}\right]\cdot\frac{120}{59}=?$$

$$\left[\left[\frac{5}{32}+\frac{7}{8}\right]\cdot\frac{8}{33}+\frac{11}{15}\right]\cdot\frac{120}{59}=?$$

$$\left[\frac{33}{32}\cdot\frac{8}{33}+\frac{11}{15}\right]\cdot\frac{120}{59}=?$$

$$\left[\frac{1}{4}+\frac{11}{15}\right]\cdot\frac{120}{59}=?$$

$$\frac{59}{60}\cdot\frac{120}{59}=\frac{120}{60}=2$$

Seite 31 **Lösungswege der ersten Wiederholung**

1. $$\frac{1}{4}\cdot\frac{1}{3}\cdot\frac{4}{5}+\frac{2}{3}\cdot\frac{3}{4}\cdot\frac{2}{5}-\frac{1}{4}\cdot\frac{5}{6}\cdot\frac{4}{5}=?$$

$$\frac{1}{15}+\frac{1}{5}-\frac{1}{6}=\frac{2+6-5}{30}=\frac{1}{10}$$

2. $$\left(\frac{4}{3}\cdot\frac{9}{16}\cdot\frac{5}{6}+\frac{1}{2}\cdot\frac{8}{5}\cdot\frac{5}{3}\right)-\left(\frac{2}{3}\cdot\frac{5}{8}\cdot\frac{5}{2}+\frac{6}{7}\cdot\frac{14}{15}\cdot\frac{55}{48}\right)=?$$

$$\left(\frac{5}{8}+\frac{4}{3}\right)-\left(\frac{25}{24}+\frac{22}{24}\right)=?$$

$$\frac{47}{24}-\frac{47}{24}=0$$

Klammern von innen nach außen bearbeiten.

3. $$\left(\left(\frac{7}{8}-\frac{5}{6}\right)+\frac{1}{8}\cdot\frac{5}{3}\right)\cdot\left[\left(\frac{9}{8}+\frac{4}{5}\right)-\left(\frac{1}{8}+\frac{3}{10}\right)\right]=?$$

$$\left(\frac{1}{24}+\frac{5}{24}\right)\cdot\left[\left(\frac{77}{40}\right)-\left(\frac{17}{40}\right)\right]=?$$

$$\left(\frac{1}{4}\right)\cdot\left[\frac{60}{40}\right]=\frac{3}{8}$$

4. $$\left(\frac{3}{8}\cdot\frac{2}{3}+\frac{3}{2}\cdot\frac{5}{6}\right):\left(\frac{7}{12}\cdot\frac{9}{14}-\frac{2}{3}\cdot\frac{1}{2}\right)=?$$

$$\left(\frac{1}{4}+\frac{5}{4}\right):\left(\frac{3}{8}-\frac{1}{3}\right)=\frac{3}{2}:\frac{1}{24}=\frac{3}{2}\cdot\frac{24}{1}=36$$

Seite 31 **Lösungswege der zweiten Wiederholung**

Achtung: PvS auch zwischen der 2. und 3. Klammer!

5. $$\left(\frac{5}{6}-\frac{5}{8}\right)+\left(\frac{2}{3}-\frac{2}{5}\right):\left(\frac{1}{4}+\left(\frac{9}{10}-\frac{3}{20}\right)\right)=?$$

$$\left(\frac{5}{24}\right)+\left(\frac{4}{15}\right):\left(\frac{1}{4}+\left(\frac{15}{20}\right)\right)=?$$

$$\left(\frac{5}{24}\right)+\left(\frac{4}{15}\right):\left(1\right)=?$$

$$\frac{5}{24}+\frac{4}{15}=\frac{25+32}{120}=\frac{19}{40}$$

6. $$\left[\left(\left(\frac{4}{3}+\frac{7}{6}\right)\cdot\frac{2}{3}-\frac{4}{18}\right):\left(\frac{75}{56}+\frac{2}{7}\right)\right]\cdot\frac{7}{8}+\frac{11}{9}=?$$

$$\left[\left(\left(\frac{5}{2}\right)\cdot\frac{2}{3}-\frac{4}{18}\right):\left(\frac{13}{8}\right)\right]\cdot\frac{7}{8}+\frac{11}{9}=?$$

$$\left[\frac{13}{9}\cdot\frac{8}{13}\right]\cdot\frac{7}{8}+\frac{11}{9}=?$$

$$\left[\frac{8}{9}\right]\cdot\frac{7}{8}+\frac{11}{9}=\frac{7}{9}+\frac{11}{9}=\frac{18}{9}=2$$

Lösungen von Übung 7 — Seite 37

x	3	27	12	15	33	72
y	5	45	20	25	55	120

Lösungen von Übung 8 und 9 — Seite 39–40

x	3	1	27	6	30	120	42	69	54	75
y	5	$\frac{5}{3}$	45	10	50	200	70	115	90	125

Lösungen von Übung 10 — Seite 41

Menge Butter in kg	3	1	4	0,5	2,5	5
Preis in DM	10,20	3,40	13,60	1,70	8,50	17,00

Die Gewichtsangaben müssen mit 3,40 DM multipliziert werden.

Lösungen von Übung 11 — Seite 42

Umdrehungen	x	400	1	20	150	1850
zurückgelegte Strecke in m	y	800	2	40	300	3700

Die Zahlen für die Umdrehungen müssen mit 2 multipliziert werden.

Lösungen von Übung 12 — Seite 44

1a)

x	5	1	2	4	7	10
y	3	$\frac{3}{5}$	$\frac{6}{5}$	$\frac{12}{5}$	$\frac{21}{5}$	6

1b)

2. Die Graphen G_1 und G_2 stellen Proportionen dar, da sie durch den Ursprung laufen. G_3 ist nicht der Graph einer Proportion, denn er läuft nicht durch den Ursprung.

Seite 45 **Lösungen von Übung 13**

1a)

x	5	1	2	8	10
y	4	$\frac{4}{5} = 0{,}8$	$\frac{8}{5} = 1{,}6$	$\frac{32}{5} = 6{,}4$	8

1b)

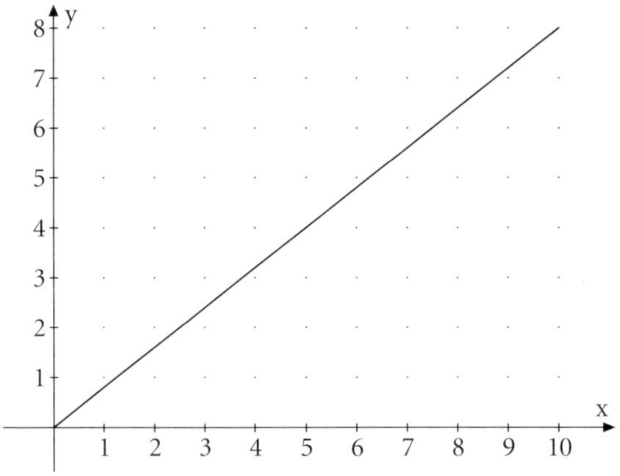

2. Die Graphen G_1 und G_3 stellen Proportionen dar, da sie durch den Ursprung laufen und gerade sind. G_2 ist nicht der Graph einer Proportion, denn er ist nicht gerade.

Seite 50 **Lösungswege von Übung 14**

1. Gefragt ist die Zeit; dieser Wert muss hinter den Pfeil:

   $60\text{ km} \rightarrow 5\text{ h}$

   $1\text{ km} \rightarrow 1\text{ km} \cdot \frac{5}{60}\,\frac{\text{h}}{\text{km}} = \frac{5}{60}\text{ h}$

   $84\text{ km} \rightarrow 84 \cdot \frac{5}{60}\text{ h} = 7\text{ h}$

2. $15\text{ km} \rightarrow 3\text{ h}$

   $1\text{ km} \rightarrow 1\text{ km} \cdot \frac{3}{15}\,\frac{\text{h}}{\text{km}} = \frac{3}{15}\text{ h}$

   Beachte: $\frac{1}{60}\text{ h} = 1\text{ min}$

   Reststrecke: $21\text{ km} \rightarrow 21 \cdot \frac{3}{15}\text{ h} = \frac{21}{5}\text{ h} = 4\frac{1}{5}\text{ h} = 4\text{ h }12\text{ min}$

3. $4640\text{ Liter} \rightarrow 3758{,}40\text{ DM}$

   Den Wert $0{,}81\,\frac{\text{DM}}{\text{l}}$ erhältst du durch schriftliches Dividieren.

   $1\text{ Liter} \rightarrow 1\text{ l} \cdot \frac{3758{,}40}{4640}\,\frac{\text{DM}}{\text{l}} = 0{,}81\text{ DM}$

   Bergmann: $2040\text{ l} \rightarrow 2040 \cdot 0{,}81\text{ DM} = 1652{,}40\text{ DM}$

   Nachbar: $3758{,}40\text{ DM} - 1652{,}40\text{ DM} = 2106{,}00\text{ DM}$

4. $15\ m^3 \rightarrow 12{,}45$ DM

$$1\ m^3 \rightarrow 1\ m^3 \cdot \frac{12{,}45}{15}\ \frac{DM}{m^3} = 0{,}83\ DM$$

$17\ m^3 \rightarrow 17 \cdot 0{,}83$ DM $= 14{,}11$ DM

Den Wert $0{,}83\ \frac{DM}{m^3}$ erhältst du durch schriftliches Dividieren.

5. Gefragt ist nach dem Preis; dieser Wert muss hinter den Pfeil:

$16\ m^2 \rightarrow 440{,}00$ DM

$$1\ m^2 \rightarrow 1\ m^2 \cdot \frac{440}{16}\ \frac{DM}{m^2} = 27{,}50\ DM$$

$9\ m^2 \rightarrow 9 \cdot 27{,}50$ DM $= 247{,}50$ DM

Lösungswege von Übung 15

Seite 53

1. Eine Würfeloberfläche besteht aus 6 Quadraten.
   Große Oberfläche: $6 \cdot 25\ cm \cdot 25\ cm = 3750\ cm^2$
   Kleine Oberfläche: $6 \cdot 10\ cm \cdot 10\ cm = 600\ cm^2$
   $3750\ cm^2 \rightarrow 3750\ g$

$$1\ cm^2 \rightarrow 1\ cm^2 \cdot 1\ \frac{g}{cm^2}$$

$600\ cm^2 \rightarrow 600 \cdot 1\ g = 600\ g$

2. 7 Pers. in 4 Mon. $\rightarrow$ 308 kg

$$\text{1 Pers. in 4 Mon.} \rightarrow \text{1 Pers.} \cdot \frac{308}{7}\ \frac{kg}{Pers.} = 44\ kg$$

$$\text{1 Pers. in 1 Mon.} \rightarrow \text{1 Mon.} \cdot \frac{44}{4}\ \frac{kg}{Mon.} = 11\ kg$$

1 Pers. in 5 Mon. $\rightarrow 5 \cdot 11$ kg $= 55$ kg

5 Pers. in 5 Mon. $\rightarrow 5 \cdot 55$ kg $= 275$ kg

Hier sind zwei Dreisatzaufgaben ineinander geschachtelt.

3a) 3 Mähdrescher in 6 Tagen $\rightarrow$ 36 ha

$$\text{1 Mähdrescher in 6 Tagen} \rightarrow 1\ MD \cdot \frac{36}{3}\ \frac{ha}{MD} = 12\ ha$$

5 Mähdrescher in 6 Tagen $\rightarrow 5 \cdot 12$ ha $= 60$ ha

MD $\triangleq$ Mähdrescher

3b) 1 Mähdrescher in 6 Tagen $\rightarrow$ 12 ha

$$\text{1 Mähdrescher in 1 Tag} \rightarrow \text{1 Tag} \cdot \frac{12}{6}\ \frac{ha}{Tag} = 2\ ha$$

8 Mähdrescher in 1 Tag $\rightarrow 8 \cdot 2$ ha $= 16$ ha

8 Mähdrescher in 3 Tagen $\rightarrow 3 \cdot 16$ ha $= 48$ ha

Bereits in 3 a) berechnet.

Bereits in 3 b) berechnet.

3c) 1 Mähdrescher in 1 Tag $\rightarrow$ 2 ha
2 Mähdrescher in 1 Tag $\rightarrow 2 \cdot 2$ ha $= 4$ ha
2 Mähdrescher in 2 Tagen $\rightarrow 2 \cdot 4$ ha $= 8$ ha

Seite 55 **Lösungswege der ersten Wiederholung**

1. 11 Säcke $\rightarrow$ 107,25 DM

$$1 \text{ Sack} \rightarrow 1 \text{ Sack} \cdot \frac{107,25}{11} \frac{\text{DM}}{\text{Sack}} = 9{,}75 \text{ DM}$$

5 Säcke $\rightarrow 5 \cdot 9{,}75$ DM $= 48{,}75$ DM

2. 17 Platten $\rightarrow$ 510 kg

$$1 \text{ Platte} \rightarrow 1 \text{ Platte} \cdot \frac{510}{17} \frac{\text{kg}}{\text{Platte}} = 30 \text{ kg}$$

12 Platten $\rightarrow 12 \cdot 30$ kg $= 360$ kg

3. 11 Reihen $\rightarrow$ 275 Autos

$$1 \text{ Reihe} \rightarrow 1 \text{ Reihe} \cdot \frac{275}{11} \frac{\text{Autos}}{\text{Reihe}} = 25 \text{ Autos}$$

15 Reihen $\rightarrow 15 \cdot 25$ Autos $= 375$ Autos

Seite 55 **Lösungswege der zweiten Wiederholung**

4. 24 Flaschen $\rightarrow$ 116,40 DM

$$1 \text{ Flasche} \rightarrow 1 \text{ Flasche} \cdot \frac{116{,}40}{24} \frac{\text{DM}}{\text{Flasche}} = 4{,}85 \text{ DM}$$

5 Flaschen $\rightarrow 5 \cdot 4{,}85$ DM $= 24{,}25$ DM

5. 14 Tage $\rightarrow$ 459,20 DM

$$1 \text{ Tag} \rightarrow 1 \text{ Tag} \cdot \frac{459{,}20}{14} \frac{\text{DM}}{\text{Tag}} = 32{,}80 \text{ DM}$$

5 Tage $\rightarrow 5 \cdot 32{,}80$ DM $= 164{,}00$ DM

Seite 58 **Lösungen von Übung 16**

x	8	6	1	12	$\frac{1}{4}$	10	72	240
y	3	4	24	2	96	$\frac{12}{5}$	$\frac{1}{3}$	$\frac{1}{10}$

Lösung von Übung 17

Siehe Lösungsweg auf Seite 65.

1a) 30 Tage $\rightarrow$ 20 Arbeiter

$$1 \text{ Tag} \rightarrow \frac{1}{\text{Tag}} \cdot 30 \cdot 20 \text{ Tage} \cdot \text{Arbeiter}$$

$$24 \text{ Tage} \rightarrow \frac{30 \cdot 20 \text{ Arbeiter}}{24} \underset{6\cdot 4}{=} 25 \text{ Arbeiter}$$

1b) 20 Arbeiter $\rightarrow$ 30 Tage

$$1 \text{ Arbeiter} \rightarrow \frac{1}{1 \text{ Arbeiter}} \cdot 20 \cdot 30 \text{ Arbeiter} \cdot \text{Tage}$$

$$15 \text{ Arbeiter} \rightarrow \frac{20 \cdot 30 \text{ Tage}}{15} \underset{15}{=} 40 \text{ Tage}$$

2. 26 Schüler $\rightarrow$ 239,20 DM

$$1 \text{ Schüler} \rightarrow \frac{1}{1 \text{ Schüler}} \cdot 26 \cdot 239{,}20 \text{ Schüler} \cdot \text{DM}$$

$$23 \text{ Schüler} \rightarrow \frac{26 \cdot 239{,}20 \text{ DM}}{23} = 270{,}40 \text{ DM}$$

Schriftlich dividieren.

3a) 5 Planierraupen $\rightarrow$ 24 h

$$1 \text{ Planierraupe} \rightarrow \frac{1}{1 \text{ PR}} \cdot 5 \text{ PR} \cdot 24 \text{ h} = 120 \text{ h}$$

$$4 \text{ Planierraupen} \rightarrow \frac{5 \cdot 24 \text{ h}}{4} \underset{4}{=} 30 \text{ h}$$

PR $\triangleq$ Planierraupe.
h $\triangleq$ Stunde

3b) 24 h $\rightarrow$ 5 Planierraupen

$$1 \text{ h} \rightarrow \frac{1}{1 \text{ h}} \cdot 24 \cdot 5 \text{ h} \cdot \text{PR} = 120 \text{ PR}$$

$$8 \text{ h} \rightarrow \frac{24 \cdot 5}{8} \text{ PR} \underset{8}{=} 15 \text{ PR}$$

4a) 36 Siedler $\rightarrow$ 640 m^2

$$1 \text{ Siedler} \rightarrow \frac{1}{1 \text{ Siedler}} \cdot 36 \cdot 640 \text{ Siedler} \cdot m^2$$

$$40 \text{ Siedler} \rightarrow \frac{36 \cdot 640 \text{ m}^2}{40} \underset{40}{=} 576 \text{ m}^2$$

4b) 640 m^2 $\rightarrow$ 36 Siedler

$$1 \text{ m}^2 \rightarrow \frac{1}{1 \text{ m}^2} \cdot 640 \cdot 36 \text{ m}^2 \cdot \text{Siedler}$$

$$720 \text{ m}^2 \rightarrow \frac{640 \cdot 36 \text{ Siedler}}{720} \underset{36\cdot 20}{=} 32 \text{ Siedler}$$

5a) 4 Lkw $\rightarrow$ 36 Fahrten

$$1 \text{ Lkw} \rightarrow \frac{1}{1 \text{ Lkw}} \cdot 4 \cdot 36 \text{ Lkw} \cdot \text{Fahrten}$$

$$8 \text{ Lkw} \rightarrow \frac{4 \cdot 36 \text{ Fahrten}}{8} \underset{4\cdot 2}{=} 18 \text{ Fahrten}$$

8 Lkw brauchen nur halb so viele Fahrten wie 4 Lkw.

5b) 36 Fahrten $\rightarrow$ 4 Lkw

$$1 \text{ Fahrt} \rightarrow \frac{1}{1 \text{ Fahrt}} \cdot 36 \cdot 4 \text{ Fahrten} \cdot \text{Lkw}$$

$$12 \text{ Fahrten} \rightarrow \frac{36 \cdot 4 \text{ Lkw}}{12} \underset{12}{=} 12 \text{ Lkw}$$

Seite 67 **Lösungswege der ersten Wiederholung**

1a) $48 \text{ Tage} \rightarrow 15 \text{ Personen}$

$$1 \text{ Tag} \rightarrow \frac{1}{1 \text{ Tag}} \cdot 48 \cdot 15 \text{ Tage} \cdot \text{Personen}$$

$$40 \text{ Tage} \rightarrow \frac{48 \cdot 15 \text{ Personen}}{40} \underset{8 \cdot 5}{=} 18 \text{ Personen}$$

1b) $15 \text{ Personen} \rightarrow 48 \text{ Tage}$

$$1 \text{ Person} \rightarrow \frac{1}{1 \text{ Person}} \cdot 15 \cdot 48 \text{ Personen} \cdot \text{Tage}$$

$$12 \text{ Personen} \rightarrow \frac{15 \cdot 48 \text{ Tage}}{12} \underset{12}{=} 60 \text{ Tage}$$

Seite 67 **Lösungswege der zweiten Wiederholung**

Tg. $\hat{=}$ Tag(e)
Mon. $\hat{=}$ Monat(e)

2a) $12 \frac{\text{h}}{\text{Tg.}} \rightarrow 5 \text{ Mon.}$

$$1 \frac{\text{h}}{\text{Tg.}} \rightarrow \frac{1}{1 \frac{\text{h}}{\text{Tg.}}} \cdot 12 \cdot 5 \frac{\text{h}}{\text{Tg.}} \cdot \text{Mon.}$$

$$15 \frac{\text{h}}{\text{Tg.}} \rightarrow \frac{12 \cdot 5 \text{ Mon.}}{15} \underset{3 \cdot 5}{=} 4 \text{ Monate}$$

2b) $5 \text{ Mon.} \rightarrow 12 \frac{\text{h}}{\text{Tg.}}$

Der Zwischenwert bei 1 Mon. ist natürlich unsinnig!

$$1 \text{ Mon.} \rightarrow \frac{1}{1 \text{ Mon.}} \cdot 5 \cdot 12 \frac{\text{Mon.} \cdot \text{h}}{\text{Tg.}}$$

$$6 \text{ Mon.} \rightarrow \frac{5 \cdot 12 \text{ h}}{6 \text{ Tg.}} \underset{6}{=} 10 \frac{\text{h}}{\text{Tg.}}$$

So gut warst du:
Die Lösungen und Bewertungen der Klassenarbeiten

Mathematik-Klausur Nr. 1

Seite 71

1a)

$$\frac{1}{5}\cdot\frac{2}{7}\cdot\frac{14}{3}+\frac{3}{8}\cdot\frac{4}{5}\cdot\frac{5}{9}-\frac{1}{2}\cdot\frac{1}{3}\cdot\frac{4}{5}-\frac{2}{9}\cdot\frac{1}{2}\cdot\frac{1}{5}=?$$

$$\frac{4}{15}+\frac{1}{6}-\frac{2}{15}-\frac{1}{45}=?$$

$$\frac{24}{90}+\frac{15}{90}-\frac{12}{90}-\frac{2}{90}=\frac{25}{90}=\frac{5}{18}$$

8 Punkte
vgl. Seite 13–20

1b)

$$\left[\left[\left(\frac{5}{6}-\frac{1}{2}\right)\cdot\left(\frac{1}{3}-\frac{11}{60}\right)\cdot\frac{5}{6}+1\right]\cdot\frac{8}{25}+\frac{11}{15}\right]\cdot\frac{45}{8}=?$$

$$\left[\left[\frac{1}{3}\cdot\frac{9}{60}\cdot\frac{5}{6}+1\right]\cdot\frac{8}{25}+\frac{11}{15}\right]\cdot\frac{45}{8}=?$$

$$\left[\left[\frac{1}{24}+1\right]\cdot\frac{8}{25}+\frac{11}{15}\right]\cdot\frac{45}{8}=?$$

$$\left[\frac{25}{24}\cdot\frac{8}{25}+\frac{11}{15}\right]\cdot\frac{45}{8}=?$$

$$\left[\frac{1}{3}+\frac{11}{15}\right]\cdot\frac{45}{8}=\frac{16}{15}\cdot\frac{45}{8}=6$$

9 Punkte
vgl. Seite 24–28

1c)

$$\left\{\left[\frac{3}{2}\cdot\frac{5}{6}\right]-\left[\frac{3}{8}\cdot\frac{2}{3}\right]\right\}:\left\{\left[\frac{2}{3}\cdot\frac{3}{5}\right]-\left[\frac{7}{12}\cdot\frac{9}{14}\right]\right\}=?$$

$$\left\{\frac{5}{4}-\frac{1}{4}\right\}:\left\{\frac{2}{5}-\frac{3}{8}\right\}=?$$

$$\left\{1\right\}:\left\{\frac{1}{40}\right\}=1\cdot\frac{40}{1}=40$$

7 Punkte
vgl. Seite 29–31

1d)

$$\left(\frac{44}{75}:\left(\frac{9}{5}-\frac{1}{3}\right)\right):\left(\left(\frac{32}{15}+\frac{14}{12}\right)\cdot\left(\frac{3}{5}-\frac{1}{4}\right)+\left(\frac{6}{20}+\frac{209}{200}\right)\right)=?$$

$$\left(\frac{44}{75}:\left(\frac{22}{15}\right)\right):\left(\left(\frac{33}{10}\right)\cdot\left(\frac{7}{20}\right)+\left(\frac{269}{200}\right)\right)=?$$

$$\left(\frac{44}{75}\cdot\frac{15}{22}\right):\left(\frac{231}{200}+\frac{269}{200}\right)=?$$

$$\left(\frac{2}{5}\right):\left(\frac{500}{200}\right)=\frac{2}{5}\cdot\frac{200}{500}=\frac{4}{25}$$

8 Punkte
vgl. Seite 29–31

2. Der 1. Sohn bekommt $\frac{1}{2}$ des Erbes. Der 2. Sohn bekommt $\frac{1}{4}$ des Erbes. Der 3. Sohn bekommt $\frac{1}{6}$ des Erbes. Der Diener bekommt $\frac{1}{24}$ des Erbes. Sie alle zusammen bekommen:

$$\frac{1}{2} + \frac{1}{4} + \frac{1}{6} + \frac{1}{24} = \frac{12}{24} + \frac{6}{24} + \frac{4}{24} + \frac{1}{24} = \frac{23}{24} \text{ Erbe}$$

Nun folgt eine Dreisatzaufgabe:

1. Satz: $\frac{23}{24}$ des Erbes → 23 Kamele

2. Satz: $\frac{1}{24}$ des Erbes → 1 Kamel

3. Satz: $\frac{1}{2} \overset{12}{=} \frac{12}{24}$ des Erbes → 12 Kamele bekommt der 1. Sohn

$\frac{1}{4} \overset{6}{=} \frac{6}{24}$ des Erbes → 6 Kamele bekommt der 2. Sohn

$\frac{1}{6} \overset{4}{=} \frac{4}{24}$ des Erbes → 4 Kamele bekommt der 3. Sohn

8 Punkte $\frac{1}{24} = \frac{1}{24}$ des Erbes → 1 Kamel bekommt der Diener

Gesamtpunktzahl: 40

Für die Zensierung ergeben sich folgende Notenstufen:

von	40	36	31	26	19	9
bis	37	32	27	20	10	0
Zensur	1	2	3	4	5	6

Denke daran, dir noch einmal ganz genau anzusehen, welche Fehler du gemacht hast, und dann die Tabelle auf Seite 70 auszufüllen.

Trage hier deine eigene Zensur ein: ☐ Darf ich gratulieren?

Mathematik-Klausur Nr. 2

Seite 72

1a)
$$\left[\left(\left(\frac{4}{3}-\frac{5}{6}\right)\cdot\frac{2}{3}-\frac{4}{18}\right):\left(\frac{5}{56}+\frac{2}{7}\right)\right]\cdot\frac{7}{8}+\frac{20}{27}=?$$

$$\left[\left(\left(\frac{16-10}{12}\right)\cdot\frac{2}{3}-\frac{4}{18}\right):\left(\frac{5+16}{56}\right)\right]\cdot\frac{7}{8}+\frac{20}{27}=?$$

$$\left[\left(\left(\frac{1}{2}\right)\cdot\frac{2}{3}-\frac{4}{18}\right):\left(\frac{3}{8}\right)\right]\cdot\frac{7}{8}+\frac{20}{27}=?$$

$$\left[\left(\frac{1}{3}-\frac{4}{18}\right)\cdot\left(\frac{8}{3}\right)\right]\cdot\frac{7}{8}+\frac{20}{27}=?$$

$$\left[\left(\frac{1}{9}\right)\cdot\left(\frac{8}{3}\right)\right]\cdot\frac{7}{8}+\frac{20}{27}=?$$

$$\left[\frac{8}{27}\right]\cdot\frac{7}{8}+\frac{20}{27}=?$$

$$\frac{7}{27}+\frac{20}{27}=\frac{27}{27}=1$$

10 Punkte
vgl. Seite 29–31

1b)
$$\left[\left(\left(\frac{4}{3}+\frac{1}{6}\right)\cdot\frac{2}{3}-\frac{4}{18}\right):\left(\frac{5}{56}+\frac{2}{7}\right)\right]\cdot\frac{9}{8}+\frac{2}{3}=?$$

$$\left[\left(\left(\frac{3}{2}\right)\cdot\frac{2}{3}-\frac{4}{18}\right):\left(\frac{3}{8}\right)\right]\cdot\frac{9}{8}+\frac{2}{3}=?$$

$$\left[\left(\frac{7}{9}\right)\cdot\left(\frac{8}{3}\right)\right]\cdot\frac{9}{8}+\frac{2}{3}=?$$

$$\frac{7\cdot 8\cdot 9}{9\cdot 3\cdot 8}+\frac{2}{3}=\frac{7}{3}+\frac{2}{3}=3$$

Hier ausnahmsweise **nicht** zusammenfassen, sondern alle Brüche auf einen Bruchstrich und **dann** kürzen!

10 Punkte
vgl. Seite 29–31

2a)

x	6	1	$\frac{3}{4}$	$\frac{3}{2}$	3	$\frac{7}{2}$	$\frac{9}{2}$	5	7	$\frac{33}{4}$	9
y	8	$\frac{4}{3}$	1	2	4	$\frac{14}{3}$	6	$\frac{20}{3}$	$\frac{28}{3}$	11	12

3 Punkte
vgl. Seite 43 ff.

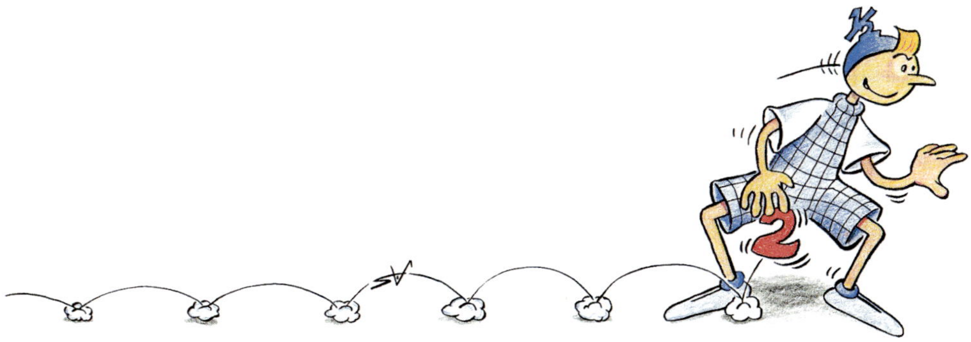

2b)

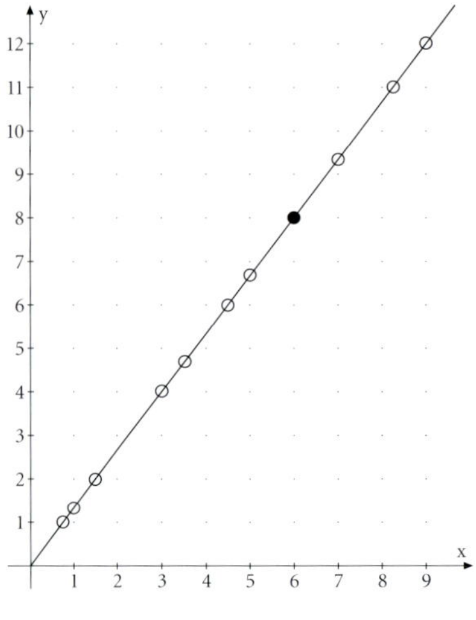

Überprüfe, ob deine Zahlenpaare aus der Tabelle von 2a) wirklich alle als Punkte auf der nebenstehenden Geraden liegen.

Die Zahlenpaare aus der Tabelle sind in der Zeichnung eingetragen.

Der dunkle Punkt bezeichnet das erste Zahlenpaar ($x = 6$; $y = 8$).

9 Punkte
vgl. Seite 43 ff.

Beachte:
Die Längeneinheiten in meiner Zeichnung sind kürzer als 1 cm.

3. Es handelt sich um eine direkte Proportion (proportionale Zuordnung von Menge und Preis).
   Es wird nach dem Preis gefragt; diese Größe muss also hinter den Pfeil:

   1. $7{,}5\ \text{l} \rightarrow 11{,}25\ \text{DM}$
   2. $1\ \text{l} \rightarrow 1\ \text{l} \cdot \frac{11{,}25\ \text{DM}}{7{,}5\ \text{l}} = \frac{1125}{750}\ \text{DM} = \frac{75}{50}\ \text{DM} = \frac{3}{2}\ \text{DM}$ ($_{15}$, $_{25}$)
   3. Herr Dummnuss: $12{,}5\ \text{l} \rightarrow 12{,}5 \cdot \frac{3}{2}\ \text{DM} = \frac{37{,}5}{2}\ \text{DM} = 18{,}75\ \text{DM}$

5 Punkte
vgl. Seite 46 ff.

4. Proportionale Zuordnung; Anzahl der Tage ist gesucht

   1. $840\ \text{kg} \rightarrow 14\ \text{Tg.}$
   2. $1\ \text{kg} \rightarrow 1\ \text{kg} \cdot \frac{14\ \text{Tg.}}{840\ \text{kg}} = \frac{1}{60}\ \text{Tag}$ ($_{14}$)
   3. $540\ \text{kg} \rightarrow 540 \cdot \frac{1}{60}\ \text{Tag} = 9\ \text{Tage}$

6 Punkte
vgl. Seite 46 ff.

Gesamtpunktzahl: 43

Für die Zensierung ergeben sich folgende Notenstufen:

von	43	40	34	28	20	10
bis	41	35	29	21	11	0
Zensur	1	2	3	4	5	6

Denke daran, dir noch einmal ganz genau anzusehen, welche Fehler du gemacht hast, und dann die Tabelle auf Seite 70 auszufüllen.

Trage hier deine eigene Zensur ein: ☐ Darf ich gratulieren?

1a)

x	5	7,5
y	2	3

5 : 2 = 2,5 und 7,5 : 3 = 2,5 (oder 2 : 5 = 0,4 und 3 : 7,5 = 0,4).
Die Zahlenpaare sind quotientengleich.

3 Punkte
vgl. Seite 43 ff.

1b)

x	5	7,5	1	2	4	6
y	2	3	0,4	0,8	1,6	2,4

3 Punkte
vgl. Seite 43 ff.

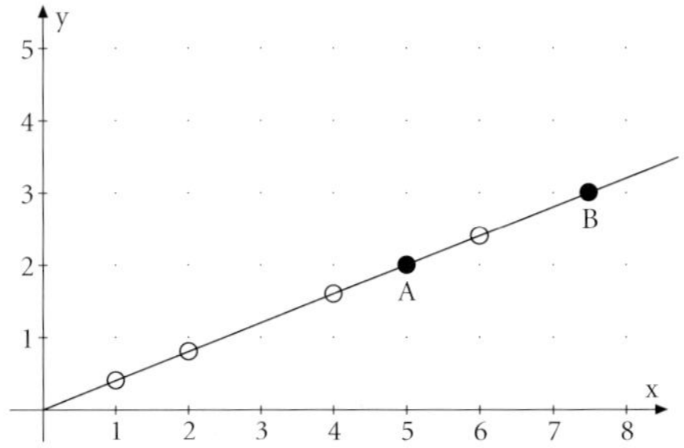

Die Punkte A und B sind schwarz eingetragen; die berechneten Punkte sind mit weißen Kreisen markiert. Alle Punkte liegen auf einer Geraden durch den Ursprung, was zeigt, dass eine direkte Proportion vorliegt.

6 Punkte
vgl. Seite 43 ff.

2. proportionale Zuordnung

1. $144\ m^3 \rightarrow 18$ Fuhren
2. $1\ m^3 \rightarrow 1\ m^3 \cdot \frac{18\ \text{Fuhren}}{144\ m^3} = \frac{1}{8}$ Fuhre

Rest: $240\ m^3 - 144\ m^3 = 96\ m^3$

3. $96\ m^3 \rightarrow 96 \cdot \frac{1}{8}$ Fuhre = 12 Fuhren

5 Punkte
vgl. Seite 46 ff.

3. proportionale Zuordnung

1. $8{,}4\ l \rightarrow 100\ km$
2. $1\ l \rightarrow 1\ l \cdot \frac{100\ km}{8{,}4\ l}$ (Diesen Wert nicht weiter berechnen!)
3. $54{,}6\ l \rightarrow 54{,}6 \cdot \frac{100\ km}{8{,}4} = \frac{546 \cdot 100\ km}{84} \underset{42}{=} \frac{13 \cdot 100\ km}{2} = 650\ km$

5 Punkte
vgl. Seite 46 ff.

4. proportionale Zuordnung

1. 4 Pers. in 7 Mon. → 336 kg
2. 1 Pers. in 7 Mon. → 1 Pers. $\cdot \frac{336\ kg}{4\ \text{Pers.}} = 84\ kg$
3. 1 Pers. in 1 Mon. → 1 Mon. $\cdot \frac{84\ kg}{7\ \text{Mon.}} = 12\ kg$
4. 5 Pers. in 5 Mon. → $5 \cdot 5 \cdot 12\ kg = 300\ kg$

6 Punkte
vgl. Seite 46 ff.

umgekehrt proportionale Zuordnung; Anzahl Bäume ist gesucht

5a) **Achtung:** Bei 5 gepflanzten Bäumen gibt es 4 Zwischenräume; bei 2626 Bäumen gibt es 2625 Zwischenräume = Abstände.

1. $9\text{ m} \rightarrow 2625\text{ Abst.}$
2. $1\text{ m} \rightarrow \frac{1}{1\text{ m}} \cdot 9 \cdot 2625\text{ m} \cdot \text{Abst.} = 23\,625\text{ Abst.}$
3. $5{,}4\text{ m} \rightarrow \frac{23\,625\text{ Abst.}}{5{,}4} = 4375\text{ Abst.}$ (Schriftlich dividieren!)

5 Punkte

vgl. Seite 62 ff.

Es werden also 4376 Bäume gepflanzt.

umgekehrt proportionale Zuordnung; Größe der Abstände ist gesucht

5b) **Achtung:** Bei 5 gepflanzten Bäumen gibt es 4 Zwischenräume; bei 2626 Bäumen gibt es 2625 Zwischenräume = Abstände.

1. $2625\text{ Abst.} \rightarrow 9\text{ m}$
2. $1\text{ Abst.} \rightarrow \frac{1}{1\text{ Abst.}} \cdot 2625 \cdot 9\text{ Abst.} \cdot \text{m} = 23\,625\text{ m}$
3. $1575\text{ Abst.} \rightarrow \frac{23\,625\text{ m}}{1575} = 15\text{ m}$ (Schriftlich dividieren!)

4 Punkte

vgl. Seite 62 ff.

15 m beträgt die Abstandsgröße.

Gesamtpunktzahl: 37

Für die Zensierung ergeben sich folgende Notenstufen:

von	37	34	29	23	17	9
bis	35	30	24	18	10	0
Zensur	1	2	3	4	5	6

Denke daran, dir noch einmal ganz genau anzusehen, welche Fehler du gemacht hast, und dann die Tabelle auf Seite 70 auszufüllen.

Trage hier deine eigene Zensur ein: ☐ Darf ich gratulieren?

Auf einen Blick: Die wichtigsten Begriffe

direkte Proportion

Wenn bei einer Menge von Zahlenpaaren die zweite Zahl des Paares durch Multiplikation der ersten Zahl mit einem festen Faktor berechnet werden kann, dann handelt es sich um direkte Proportionen. Dieser feste Faktor heißt **Proportionalitätsfaktor** $= \frac{\text{2. Zahl}}{\text{1. Zahl}}$.

vergleiche Seite 32 ff.

1. Zahl	3	1	6	7	4	82
2. Zahl	7,5	2,5	15	17,5	10	205

Wenn du die zweite Zahl durch die erste Zahl teilst, erhältst du als Ergebnis **immer** den Wert 2,5 (teilst du die erste Zahl durch die zweite Zahl, erhältst du immer 0,4). Deshalb bezeichnet man die Zahlenpaare bei direkten Proportionen auch als **quotientengleiche Zahlenpaare.** (Ein Quotient ist das Ergebnis einer Division.)

Dreisatz

Der Dreisatz stellt ein Lösungsverfahren für Textaufgaben dar. Die gesuchten Größen werden mit Hilfe von Zahlenpaaren berechnet. Beim **direkten Dreisatz** benutzt man **quotientengleiche Zahlenpaare** (direkte Proportionen):

vergleiche Seite 46 ff., 62 ff.

Beispiel: 10 Eier kosten 3,60 DM. Wie viel kosten zwei Dutzend (= 24) Eier?

1. Satz: 10 Eier $\rightarrow$ 3,60 DM

2. Satz: 1 Ei $\rightarrow 1\ \text{Ei} \cdot \frac{3{,}60}{10} \frac{\text{DM}}{\text{Ei}} = \frac{3{,}60}{10}\ \text{DM}$

3. Satz: 24 Eier $\rightarrow 24 \cdot \frac{3{,}60}{10}\ \text{DM} = 8{,}64\ \text{DM}$ (Schriftlich berechnen!)

Daraus folgt: $\frac{10\ \text{Eier}}{3{,}60\ \text{DM}} = \frac{24\ \text{Eier}}{8{,}64\ \text{DM}}$ oder $\frac{3{,}60\ \text{DM}}{10\ \text{Eier}} = \frac{8{,}64\ \text{DM}}{24\ \text{Eier}}$

Beim **umgekehrten Dreisatz** werden **produktgleiche Zahlenpaare** (umgekehrte Proportionen) benutzt.

vergleiche Seite 62 ff.

Beispiel: Ein Baugebiet mit 24 Grundstücken zu je 525 m^2 wird jetzt in Grundstücke zu 600 m^2 aufgeteilt. Wie viele Grundstücke ergibt das?

$$1.\ \text{Satz: } 525\ m^2 \rightarrow 24\ \text{Grdst.}$$

$$2.\ \text{Satz: } 1\ m^2 \rightarrow \frac{1}{1\ m^2} \cdot 525 \cdot 24\ m^2\,\text{Grdst.}\quad \text{(Nicht ausmultiplizieren!)}$$

$$3.\ \text{Satz: } 600\ m^2 \rightarrow \frac{525 \cdot 24\ \text{Grdst.}}{600} = 21\ \text{Grdst.}$$

Daraus folgt: $525\ m^2 \cdot 24$ Grdst. $= 600\ m^2 \cdot 21$ Grdst.

Erweitern

vergleiche Seite 13–14

Soll ein Bruch seinen Wert behalten, aber gleichzeitig anders geschrieben werden, dann kann man ihn erweitern. (Meistens müssen Brüche bei der Addition oder Subtraktion erweitert werden, um sie gleichnamig zu machen.)
Dazu werden der Zähler und der Nenner mit derselben Zahl multipliziert: $\frac{5}{8} = \frac{5 \cdot 7}{8 \cdot 7} = \frac{35}{56}$

(Die Erweiterungszahl, hier also 7, schreibt man am besten **über** das Gleichheitszeichen:
$\frac{5}{8} \overset{7}{=} \frac{35}{56}$, dann braucht man sie nicht im Zähler und im Nenner zu notieren.)
$\frac{5}{8}$ ist also dasselbe wie $\frac{35}{56}$, obwohl du den Brüchen auf den ersten Blick ihre Gleichheit nicht ansehen kannst.

Gleichung

vergleiche Seite 36

Werden zwei Terme durch ein Gleichheitszeichen verbunden, nennt man das eine Gleichung. (Steht zwischen den Termen ein Ungleichheitszeichen [< «kleiner als» oder > «größer als»], dann nennt man das eine Ungleichung.)

größter gemeinsamer Teiler = ggT

vergleiche Seite 14–15

Kann man zwei (oder mehrere) Zahlen durch ein und dieselbe Zahl ohne Rest teilen, dann bezeichnet man diese Zahl als gemeinsamen Teiler. Meistens gibt es mehrere gemeinsame Teiler, der größte dieser gemeinsamen Teiler heißt ggT.
Beispiel: (T (36) bedeutet die Menge aller möglichen Teiler der Zahl 36.)

$$\text{ggT}(36, 54, 126) = \left\{ \begin{array}{l} T(36) = \{1, 2, 3, 4, 6, 9, 12, 18, 36\} \\ T(54) = \{1, 2, 3, 6, 9, 18, 27, 54\} \\ T(126) = \{1, 2, 3, 6, 7, 9, 14, 18, 21, 42, 63, 126\} \end{array} \right\} = 18$$

Wie du hier siehst, sind die Zahlen 2, 3, 6, 9 auch gemeinsame Teiler der drei Zahlen 36, 54 und 126. Der größte dieser gemeinsamen Teiler ist allerdings die Zahl 18.

Kehrwert

Für **jede** Zahl gibt es **einen Kehrwert**. Das Produkt beider Zahlen hat den Wert 1. Oder anders gesagt: Wenn man die beiden Zahlen miteinander multipliziert, «kommt 1 heraus». Bei einem Bruch erhältst du den Kehrwert, indem du den Bruch «auf den Kopf stellst»:

vergleiche Seite 21–23

$$\underbrace{\frac{2}{7}}_{\text{Bruch}} \rightarrow \underbrace{\frac{7}{2}}_{\text{Kehrwert des Bruches}}$$

Bei ganzen Zahlen musst du erst einen Bruch erzeugen, bevor du den Kehrwert berechnen kannst:

$$\underbrace{5}_{\text{ganze Zahl}} = \underbrace{\frac{5}{1}}_{\text{Zahl als Bruch}} \rightarrow \underbrace{\frac{1}{5}}_{\text{Kehrwert der Zahl}}$$

kleinstes gemeinsames Vielfaches = kgV

Das kgV ist die **kleinste** Zahl, die bei mehreren Vielfachenmengen in allen Mengen gleichzeitig vorkommt.

vergleiche Seite 13

Beispiel: (V (4) bedeutet die Menge aller Vielfachen der Zahl 4.)

$$\text{kgV}(4, 5, 12) = \left\{\begin{array}{l} V(4) = \{4, 8, 12, 16, 20, 24, 28, 32, 36, 40, 44, 48, 52, 56, \mathbf{60}, 64, \ldots\} \\ V(5) = \{5, 10, 15, 20, 25, 30, 35, 40, 45, 50, 55, \mathbf{60}, 65, \ldots\} \\ V(12) = \{12, 24, 36, 48, \mathbf{60}, 72, \ldots\} \end{array}\right\} = 60$$

Das kleinste gemeinsame Vielfache kgV (4, 5, 12) = 60, denn 60 ist die kleinste Zahl, die in den drei gemeinsamen Vielfachenmengen vorkommt.

Kürzen

Um einen Bruch in seinem Aussehen zu verändern, ihn aber gleichzeitig in seinem Wert zu erhalten, kann man ihn kürzen. Dazu werden der Zähler und der Nenner durch dieselbe Zahl geteilt (das ist die Kürzungszahl):

vergleiche Seite 14–15

$$\frac{78}{91} = \frac{78 : 13}{91 : 13} = \frac{6}{7}$$

(Die Kürzungszahl, hier also 13, schreibt man am besten **unter** das Gleichheitszeichen: $\frac{78}{91} \underset{13}{=} \frac{6}{7}$, dann braucht man den gemeinsamen

Teiler nicht im Zähler und im Nenner zu notieren. Die wirkungsvollste Kürzungszahl ist der ggT von Zähler und Nenner.)
$\frac{6}{7}$ ist also dasselbe wie $\frac{78}{91}$, obwohl du den Brüchen auf den ersten Blick ihre Gleichheit nicht ansehen kannst.

Primzahlzerlegung

vergleiche Seite 14–16

Primzahlen sind Zahlen, die sich nur durch 1 oder durch sich selbst ohne Rest teilen lassen. Die kleinsten Primzahlen sind: 2, 3, 5, 7, 11, 13, 17, 19, 23, 29, 31, 37, 41, …
Es ist sehr zweckmäßig diese Zahlen **auswendig** zu wissen.
Die Mathematiker haben festgestellt (aber nicht bewiesen!), dass sich **jede** ganze Zahl als Produkt von Primzahlen darstellen lässt. Beispiel: $48 = 2 \cdot 2 \cdot 2 \cdot 2 \cdot 3$. Wenn eine Zahl, so wie die 48, in ihre Primzahlfaktoren zerlegt wird, heißt das Primzahlzerlegung.

Produkt

vergleiche Seite 21

Das Ergebnis einer Multiplikationsaufgabe wird als Produkt bezeichnet (Faktor · Faktor = Produkt). Beispiel: $3 \cdot 8 = 24$.

Quotient

vergleiche Seite 21

Das Ergebnis einer Divisionsaufgabe wird als Quotient bezeichnet (Dividend : Divisor = Quotient). Beispiel: $6 : 12 = \frac{1}{2}$ $(= 0{,}5)$.

teilerfremd

vergleiche Seite 14

Haben zwei (oder mehrere) Zahlen **nur** den gemeinsamen Teiler 1, dann sind sie teilerfremd.

Beispiel: 15 und 91 haben nur den gemeinsamen Teiler 1; also sind sie teilerfremd.
15 und 95 sind nicht teilerfremd, da sie beide wenigstens durch 1 **und** 5 teilbar sind.

Term

vergleiche Seite 24

Term ist ein mathematischer Ausdruck, der Zahlen, Klammern, Vorzeichen, Rechenzeichen und Variablenbezeichnungen enthalten darf, die nach genau festgelegten Regeln aneinander gereiht werden.

Textaufgaben

oder eingekleidete Aufgaben oder Sachaufgaben. Alltagssituationen werden in Rechenaufgaben dargestellt und sollen durch Berechnungen geklärt werden, oder es sollen bestimmte Voraussagen anhand von Rechenergebnissen getroffen werden, oder es sollen bestimmte Zusammenhänge zwischen Zahlen durch Berechnungen verdeutlicht werden. (Das Problem ist, dass man es im «richtigen» Leben nicht mit solch «glatten» Zahlen zu tun hat und eindeutige Ergebnisse ganz selten sind. Deshalb wirken die Textaufgaben manchmal etwas weltfremd.)

vergleiche Seite 46 ff., 62 ff.

umgekehrte Proportion

Wenn bei einer Menge von Zahlenpaaren das Produkt aus der 1. Zahl des Paares und der 2. Zahl des Paares immer denselben Wert ergibt, dann handelt es sich um umgekehrte Proportionen.
Der **Proportionalitätsfaktor** ist hier: 1. Zahl · 2. Zahl.

vergleiche Seite 56 ff.

1. Zahl	3	12	6	9	16	24
2. Zahl	48	12	24	16	9	6

Wenn du die zweite Zahl mit der ersten Zahl malnimmst (oder umgekehrt!), erhältst du als Ergebnis **immer** den Wert 144. Deshalb bezeichnet man die Zahlenpaare bei umgekehrten Proportionen auch als **produktgleiche Zahlenpaare**.

Zuordnung

Wird eine Zahl mit einer anderen Zahl oder mit mehreren anderen Zahlen durch eine Rechenvorschrift oder durch eine Beschreibung verknüpft, so dass sie erkennbar zusammengehören, spricht man von einer Zuordnung. Ist die Zuordnung eindeutig, spricht man von eindeutigen Zuordnungen oder Funktionen. Sind nur jeweils Zahlenpaare das Ergebnis einer solchen eindeutigen Zuordnung, kann man diese Zahlenpaare als Punkte darstellen. Alle Punkte einer Zuordnung ergeben den Graphen der Zuordnung.

vergleiche Seite 33 ff.

Zum Nachschlagen: Das Stichwortverzeichnis

Immer dabei: Das Lesezeichen

Schneide dieses Blatt aus und falte es entlang der roten Linie auf der Rückseite. (Schlau ist es, wenn du dir die Seite vorher kopierst – falls du das Lesezeichen einmal verlegen solltest.) Jetzt hast du ein tolles Lesezeichen, auf dem du immer schnell nachschauen kannst, wenn dir die Bedeutungen bestimmter Fachbegriffe nicht mehr einfallen. (Wenn du Lust hast, kannst du das Lesezeichen unten lochen und dort einen dicken Wollfaden oder Ähnliches durchziehen. Dann ist es noch auffälliger.)

direkte Proportion (vergleiche Seite 32 ff.)
Ergeben die Zahlenpaare einer Zuordnung Brüche mit immer demselben Wert (quotientengleiche Zahlenpaare), dann handelt es sich um eine direkte Proportion.

Dreisatz
Der Dreisatz ist ein Lösungsverfahren für Textaufgaben. Es wird der unbekannte Wert eines Zahlenpaares berechnet:
Beim **direkten Dreisatz** (vergleiche Seite 46 ff.) mit Hilfe quotientengleicher Zahlenpaare (direkte Proportionen); beim **umgekehrten Dreisatz** (vergleiche Seite 62 ff.) mit Hilfe produktgleicher Zahlenpaare (umgekehrte Proportionen).

Erweitern (vergleiche Seite 13–14)
Der Zähler und der Nenner eines Bruches werden mit derselben Zahl multipliziert.

Gleichung (vergleiche Seite 36)
Werden zwei Terme durch ein Gleichheitszeichen verbunden, entsteht eine Gleichung.

größter gemeinsamer Teiler = ggT
(vergleiche Seite 14–15)
Größte Zahl, durch die der Zähler **und** der Nenner eines Bruches ohne Rest geteilt werden können.

Kehrwert (vergleiche Seite 21–23)
Für **jede** Zahl gibt es **eine** weitere, so dass das Produkt beider Zahlen den Wert 1 hat.

kleinstes gemeinsames Vielfaches = kgV
(vergleiche Seite 13)
Die kleinste Zahl, die gleichzeitig bei den Vielfachen verschiedener Zahlen auftritt.

Kürzen (vergleiche Seite 14–15)
Der Zähler und der Nenner eines Bruches werden durch dieselbe Zahl dividiert.

Primzahlzerlegung (vergleiche Seite 14–16)
Primzahlen sind Zahlen, die sich nur durch 1 oder durch sich selbst ohne Rest teilen lassen. Jede ganze Zahl lässt sich als Produkt von Primzahlen darstellen. Diese Darstellung einer Zahl durch ihre Primzahlfaktoren heißt Primzahlzerlegung.

Produkt (vergleiche Seite 21)
Das Ergebnis einer Multiplikationsaufgabe wird als Produkt bezeichnet.

Quotient (vergleiche Seite 21)
Das Ergebnis einer Divisionsaufgabe wird als Quotient bezeichnet.

teilerfremd (vergleiche Seite 14)
Haben zwei oder mehrere Zahlen nur den Teiler 1 gemeinsam, dann sind sie teilerfremd.

Term (vergleiche Seite 24)
Ein mathematischer Ausdruck, der Zahlen, Klammern, Vorzeichen, Rechenzeichen und Variablenbezeichnungen enthält, heißt Term.
Beispiel: $\frac{1}{2} \cdot 3 \cdot (4 - (2 + \frac{2}{3}))$

Textaufgaben (vergleiche Seite 46 ff., 62 ff.)
oder eingekleidete Aufgaben oder Sachrechnen. Alltagssituationen werden in Rechenaufgaben dargestellt und sollen durch Berechnungen geklärt werden.

umgekehrte Proportion (vergleiche Seite 57 ff.)
Ergeben die Zahlenpaare einer Zuordnung Produkte mit immer demselben Wert (produktgleiche Zahlenpaare), dann handelt es sich um eine umgekehrte Proportion.

Zuordnung (vergleiche Seite 33 ff., 43 ff.)
Wird eine Zahl mit einer anderen Zahl durch eine Rechenvorschrift verknüpft, so spricht man von einer Zuordnung. Ist die Zuordnung eindeutig, spricht man von eindeutigen Zuordnungen oder Funktionen. Die graphische Darstellung einer Zuordnung nennt man den Graphen der Zuordnung.

Lesezeichen